Research on Financing Mechanisms for China's National Park System

中国国家公园财政事权划分和资金机制研究

邓 毅 毛 焱—— 等著

中国环境出版集团 · 北京

图书在版编目（CIP）数据

中国国家公园财政事权划分和资金机制研究/邓毅等著. —北京：中国环境出版集团，2018.10
（中国国家公园体制建设研究丛书）
ISBN 978-7-5111-3693-0

Ⅰ. ①中… Ⅱ. ①邓… Ⅲ. ①国家公园—财政管理体制—研究—中国②国家公园—财政资金支配权—研究—中国 Ⅳ. ①S759.992

中国版本图书馆 CIP 数据核字（2018）第 118581 号

出 版 人 武德凯
责任编辑 李兰兰 孔 锦
责任校对 任 丽
封面制作 宋 瑞

更多信息，请关注
中国环境出版集团
第一分社

出版发行 中国环境出版集团
（100062 北京市东城区广渠门内大街 16 号）
网 址：http://www.cesp.com.cn
电子邮箱：bjgl@cesp.com.cn
联系电话：010-67112765（编辑管理部）
010-67112735（第一分社）
发行热线：010-67125803，010-67113405（传真）
印 刷 北京中科印刷有限公司
经 销 各地新华书店
版 次 2018 年 10 月第 1 版
印 次 2018 年 10 月第 1 次印刷
开 本 787×1092 1/16
印 张 6
字 数 106 千字
定 价 27.00 元

中国国家公园体制建设研究丛书

编 委 会

踏上国家公园体制改革新征程

自1872年世界上第一个国家公园诞生以来，由于较好地处理了自然资源科学保护与合理利用之间的关系，国家公园逐渐成为国际社会普遍认同的自然生态保护模式，并被世界大部分国家和地区采用。目前已有100多个国家建立了近万个国家公园，并在保护本国自然生态系统和自然遗产中发挥着积极作用。2013年11月，党的十八届三中全会首次提出建立国家公园体制，并将其列入全面深化改革的重点任务，标志着中国特色国家公园体制建设正式起步。

4年多来，国家发展和改革委员会会同相关部门，稳步推进改革试点各项工作，并取得了阶段性成效。特别是2017年，国家发展和改革委员会会同相关部门研究制定并报请中共中央办公厅、国务院办公厅印发《建立国家公园体制总体方案》（以下简称《总体方案》），从成立国家公园管理机构、提出国家公园设立标准、编制全国国家公园总体发展规划、制定自然保护地体系分类标准、研究国家公园事权划分办法、制定国家公园法等方面提出了下一步国家公园体制改革的制度框架。

回顾过去4年多的改革历程，我国国家公园体制建设具有以下几个特点。

一是对现有自然保护地体制的改革。建立国家公园体制是对现有自然保护地体制的优化，不是推倒重来，也不是另起炉灶，更不是对中华人民共和国成立以来我国自然生态系统和自然文化遗产保护成就的否定，而是根据新的形势需要，对保护管理的体制机制进行探索创新，对自然保护地体系的分类设置进行改革完善，探索一条符合中国国情的保护地发展道路，这是一项“先立后破”的改革，有利于保护事业的发展，更符合全体中国人民的公共利益。

二是坚持问题导向的改革。中华人民共和国成立以来，特别是改革开放以来，我国的自然生态系统和自然遗产保护事业快速发展，取得了显著成绩，建立了自然保护区、风景名胜区、自然文化遗产、森林公园、地质公园等多种类型保护地。但自然保护地主要按照资源要素类型设立，缺乏顶层设计，同一类保护地分属不同部门管理，同一个保护地多头管理、碎片化现象严重，社会公益属性和中央地方管理职责不够明确，土地及相关资源产权不清晰，保护管理效能低下，盲目建设和过度利用现象时有发生，违规采矿开矿、无序开发水电等屡禁不止，严重威胁我国生态安全。通过建立国家公园体制，推动我国自然保护地管理体制改革，加强重要自然生态系统原真性、完整性保护，实现国家所有、全民共享、世代传承的目标，十分必要也十分迫切。

三是基于自然资源资产所有权的改革。明确国家公园必须由国家批准设立并主导管理，并强调国家所有，这就要求国家公园以全民所有的土地为主体。在制定国家公园准入条件时，也特别强调确保全民所有的自然资源资产占主体地位，这才能保证下一步管理体制调整的可行性。原则上，国家公园由中央政府直接行使所有权，由省级政府代理行使的，待条件成熟时，也要逐步过渡到由中央政府直接行使。

四是落实国土空间开发保护制度的改革。党的十八届三中全会《中共中央关于全面深化改革若干重大问题的决定》中关于建立国家公园体制的完整表述是“坚定不移实施主体功能区制度，建立国土空间开发保护制度，严格按照主体功能区定位推动发展，建立国家公园体制”。建立国家公园体制并非在已有的自然保护地体系上叠床架屋，而是要以国家公园为主体、为代表、为龙头去推动保护地体系改革，从而建立完善的国土空间开发保护制度，推动主体功能区定位落地实施，使得禁止开发区域能够真正做到禁止大规模工业化、城镇化开发建设，还自然以宁静、和谐、美丽，为建设富强、民主、文明、和谐、美丽的现代化强国贡献力量。

2015 年以来，国家发展和改革委员会会同相关部门和地方在青海、吉林、黑龙江、四川、陕西、甘肃等地开展三江源、东北虎豹、大熊猫、祁连山等 10 个国家公园体制试点，在突出生态保护、统一规范管理、明晰资源权属、创新经营管理、促进社区发展等方面取得了一定经验。同时，我们也要看到，建立统一、规范、高效的中国特色国家公园体制绝不是敲锣打鼓就可以实现的，不可能一蹴而就，必须通过不断深化研究、总结试点经验来逐步优化完善，在统一规范管理、建立财政保障、明确产权归属、完善法律制度等管理体制上取得实质性突破，在标准规范、规划管理、特许经营、社区发展、人才保障、公众参与、监督管理、交流合作等运行机制上进行大胆创新，把中国国家公园体制的"四梁八柱"建立起来，补齐制度"短板"。

为此，国家发展和改革委员会会同保尔森基金会和河仁慈善基金会组织清华大学、北京大学、中国人民大学、武汉大学等著名高校以及中国科学院、中国国土资源经济研究院等科研院所的一批知名专家，针对国家公园治理体系、国家公园立法、国家公园自然资源管理体制、国家公园规划、国家公园空间布局、国家公园生态系统和自然文化遗产保护、国家公园事权划分和资金机制、国家公园特许经营以及自然保护管理体制改革方向和路径等课题开展了认真研究。在担任建立国家公园体制试点专家组组长的时候，我认识了其中很多的学者，他们在国家公园相关领域渊博的学识，特别是对自然生态保护的热爱以及对我国生态文明建设的责任感，让我十分钦佩和感动。

此次组织出版的系列丛书也正是上述课题研究的重要成果。这些研究成果，为我们制定总体方案、推进国家公园体制改革提供了重要支撑。当然，这些研究成果的作用还远未充分发挥，有待进一步实现政策转化。

我衷心祝愿在上述成果的支撑和引导下，我国国家公园体制改革将会拥有更加美好的未来，也衷心希望我们所有人秉持对自然和历史的敬畏，合力推进国家公园体制建设，保护和利用好大自然留给我们的宝贵遗产，并完好无损地留给我们的子孙后代！

朱之鑫

原中央财经领导小组办公室主任

国家发展和改革委员会原副主任

序　言

经过近半个世纪的快速发展，中国一跃成为全球第二大经济体。但是，这一举世瞩目的成就也付出了高昂的资源和环境代价：野生动植物栖息地破碎化、生物多样性锐减、生态系统服务和功能退化、环境污染严重。经济发展的资源环境约束不断趋紧，制约着中国经济社会的可持续发展。如何有效地保护好中国最具代表性和最重要的生态系统与生物多样性，为中华民族的子孙后代留下这些宝贵的自然遗产成为亟须应对的严峻挑战。引入国际上广为接受并证明行之有效的国家公园理念，改革整合约占中国国土面积20%的各类自然保护地，在统一、规范和高效的原则指导下构建以国家公园为主体的自然保护地体系是中共十八届三中全会提出的应对这一挑战的重要决定。

国家公园是人类社会保护珍贵的自然和文化遗产的智慧方式之一。自 1872 年全球第一个国家公园在壮美蛮荒的美国黄石地区建立以来，在面临平衡资源保护与可持续利用的百般考验和千般淬炼中，国家公园脱颖而出，成为全球最具知名度、影响力和吸引力的自然保护地模式。据不完全统计，五大洲现有国家公园 10000 多处，构成了全球自然保护地体系最具生命力的一道亮丽风景线，是地球母亲亿万年的杰作——丰富的生物多样性和生态系统以及壮美的地质和天文景观——的庇护所和展示窗口。

因为较好地平衡了保护和利用的关系，国家公园巧妙地实现了自然和文化遗产的代际传承。经过一个多世纪的洗礼，国家公园的理念不断演变，内涵日渐丰富，从早期专注自然生态保护到后期兼顾自然与文化遗产保护，到现在演变成兼具资源保护和为人类提供体验自然和陶冶身心等多重功能。同时，国家公园还成为激发爱国热情、培养民族自豪感的最佳场所。国家公园理念在各国的资源保护与管理实践中得以不断扩展、凝练和升华。

中国国家公园体制建设既需要与国际接轨，又应符合中国国情。2015年，在国家公园体制建设工作启动伊始，保尔森基金会与国家发展和改革委员会就国家公园体制建设签订了合作框架协议，旨在通过中美双方合作开展各类研究与交流活动，科学、有序、高效地推进中国的国家公园体制建设，提升和完善中国的自然保护地体系，实现自然生态系统和文化遗产的有效保护和合理利用。在过去约 3 年的时间里，在河仁慈善基金会的慷慨资助下，双方共同委托国内外知名专家和研究团队，就中国国家公园体制建设顶层设计涉及的十几个重要领域开展了系统、深入的研究，包括国际案例、建设指南、空间规划、治理体系、立法、规划编制、自然资源管理体制、财政事权划分与资金机制、特许经营机制、自然保护管理体制改革方向和路径研究等，为中国国家公园体制建设奠定了良好的基础。

来自美国环球公园协会、国务院发展研究中心、清华大学、北京大学、同济大学、中国科学院生态环境研究中心、西南大学等 14 家研究机构和单位的百余名学者和研究人员完成了 16 个研究项目。现将这些研究报告集结成书，以飨众多关心和关注中国国家公园体制建设的读者，并希望对中国国家公园体制建设的各级决策者、基层实践者和其他参与者有所帮助。

作为世界上最大的两个经济体，中美两国共同肩负着保护人类家园——地球的神圣使命。美国在过去 140 年里积累的经验和教训可以为中国国家公园体制建设提供借鉴。我们衷心希望中美在国家公园建设和管理方面的交流与合作有助于增进两国政府间的互信和人民之间的友谊。

借此机会，我们对所有合作伙伴和参与研究项目的专家们致以诚挚的感谢！特别要感谢国家发展和改革委员会原副主任朱之鑫先生和保尔森基金会主席保尔森先生对合作项目的大力支持和指导，感谢河仁慈善基金会曹德旺先生的慷慨资助和曹德淦理事长对项目的悉心指导。我们期待着继续携手中美合作伙伴为中国的国家公园体制建设添砖加瓦，使国家公园成为展示美丽中国的最佳窗口。

彭福伟
国家发展和改革委员会
社会发展司副司长

牛红卫
保尔森基金会
环保总监

作者序

资金问题涉及国家公园改革各方的核心利益，是国家公园改革的“龙头”。抓住了这个“龙头”就可以深刻理解国家公园体制改革的困境，并从根本上找到解决方案。

同时，资金问题又具有高度的复杂性。如何展开这个宏大的画卷，将资金的“源”和“流”描述清楚已属不易，更不用说还需要在错综复杂的相互关系中提炼出共性的、本质的问题，并找出答案。思考的过程艰辛而痛苦。最终，课题组决定采用福利经济学的分析框架来构建本课题的研究逻辑：首先，明确国家公园管理中政府和市场的关系。回答国家公园哪些事应该归政府做，哪些事应该归市场做的问题；其次，明确国家公园政府纵向事权的划分。回答归政府行使的事权中哪些归中央政府做，哪些归地方做的问题；再次，明确国家公园政府横向事权的划分。回答国家公园事权应该由一级政府中的哪个或哪几个部门行使的问题；最后，在划分事权的基础上明确各级政府的支出责任。

在具体分析过程中，课题组将“公平”和“效率”作为两根看不见的主线，注重以“公平”为尺度衡量国家公园改革中利益相关方的得失，注重以“效率”为尺度比较现有体制和各项改革方案的优劣。从“公平”角度出发，课题组主张在国家公园制度和政策设计中应尽可能兼顾多方利益，以减少改革阻力。特别是要进一步完善生态补偿机制，加大生态补偿力度，保证国家公园所在地基本公共服务水平不断提高，保证当地居民生产、生活水平不断提高。从“效率”角度出发，课题组仔细研究了现有的属地管理体制和多头管理体制，主张国家公园体制设计应以减少权责脱节和职能重叠、职责交叉为出发点，实现省级垂直管理和国家公园统一管理，以减少制度摩擦，提高运行效率和资金使用效率。

在国家公园财政事权和支出责任划分研究中，课题组从事权构成要素、事权实施环节和国家公园分区管理实际三个维度对国家公园事权进行了分析，并创造性地提出了三级事权划分的思路。国家公园事权研究不是一个纯理论的范畴，需要以大量的实践调查为基础。遗憾的是，由于课题组成员知识结构偏重财经，缺乏自然保护实践经验，在课题任务重、时间紧的情况下，调查和研究工作不可能涉及自然保护的所有三级事权，只能选择以森林防火为例来说明问题。对自然保护构成事务的一、二、三级事权进行逐项细分，将是本课题未来继续研究的主要方向。这对中国的国家公园乃至自然保护事业具有重要意义。

在国家公园资金保障机制研究中，课题组发现各试点国家公园普遍延续了原体制下保护和旅游开发“两张皮”的问题。研究表明，只有彻底改造现有的旅游开发公司，由国家公园统一集中旅游收入，才能切断旅游开发公司向地方财政的“输血”通道，从根本上解决地方财政对旅游经济的过度依赖，更好地实现保护目标。当然，地方政府在改革过程的财政利益也必须通过转移支付予以保证，课题也着重研究了转移支付项目的整合和转移支付结构的优化问题。此外，实行什么样的部门财务管理体制也是中央国家公园管理机构成立后需要面对的问题。课题在仔细分析国家公园单位性质的基础上对比了统收统支和自收自支两种体制的利弊，得出统收统支体制更有利于实现国家公园管理目标的结论。

在国家公园专项资金管理制度研究中，课题主要集中在门票、特许经营收入和社会捐赠资金三个专项资金的管理上。该部分研究分别对三个专项资金管理的关键问题进行了阐述，目的是构建专项资金管理的总体框架。读者应该注意到，它为未来的国家公园专项资金管理制度提供思路，但并不是制度本身。

我的同事蒋昕、邓小艳、高燕、王晓倩、董茜、钱玲也参与了课题研究并承担了部分撰稿工作。课题研究工作得到了国家发改委彭福伟副司长、国务院发展研究中心苏杨研究员、保尔森基金会于广志老师和 WWF 王蕾博士的大力支持，部分内容也引用了天恒可持续发展研究所万旭生老师等学者的研究成果，在此一并表示感谢。在课题研究过程中，我接触到了不少自然保护专家和学者，他们对大自然的热爱让我感动，对自然保护事业的执着让我敬佩。我越来越感受到自然保护事业的巨大感召力，并愿意为之付出我的时间和精力。培养出一个保护主义者，这大概也可以算作本课题的一个附带成果吧。

湖北经济学院　邓毅

2018 年 3 月

目 录

第 1 章　国家公园财政事权和支出责任划分 1

1.1　中国国家公园财政事权和支出责任划分的现状 1

1.1.1　中国国家公园财政事权和支出责任划分的历史沿革 1

1.1.2　中国国家公园纵向财政事权和支出责任划分现状 2

1.1.3　中国国家公园横向财政事权和支出责任划分现状 3

1.1.4　中国国家公园与地方政府间事权和支出责任划分现状 4

1.2　国家公园财政事权和支出责任划分的问题 5

1.2.1　国家公园与市场边界较为模糊 5

1.2.2　国家公园财政事权划分不合理 6

1.2.3　国家公园支出责任划分不合理 8

1.2.4　国家公园财政事权和支出责任划分缺乏总体协调 9

1.2.5　国家公园财政事权和支出责任划分法制化程度不高 10

1.3　国家公园财政事权和支出责任划分的原则 12

1.4　国家公园财政事权和支出责任划分改革 13

1.4.1　合理界定国家公园与市场边界 13

1.4.2　科学划分国家公园财政事权 14

1.4.3　科学划分国家公园和地方政府支出范围 21

1.4.4　建立国家公园财政事权和支出责任划分的协调机制 22

1.4.5　推进国家公园财政事权和支出责任划分的法制化 23

第 2 章　国家公园资金保障机制 24

2.1　中国自然保护地资金来源和运用状况 24

2.2　中国自然保护地资金保障机制存在的问题 28

2.2.1　属地管理和保障弱化了国家公园保障能力 28

2.2.2　保护资金条条划拨影响了资金使用效率 30

2.2.3 保护和旅游“两张皮”强化了地方旅游开发动机 31
2.2.4 自然资源管理权分散行使强化了地方收入动机 33
2.2.5 转移支付制度设计不合理 34
2.2.6 分散的财务管理体制导致国家公园保障能力差异 36
2.3 构建统一、规范、高效的国家公园资金保障机制 38
2.3.1 国家公园收支纳入省级预算统筹 38
2.3.2 国家公园管理机构统一试点范围内收入和支出 39
2.3.3 重构国家公园转移支付制度 40
2.3.4 改组改造国家公园范围内的旅游开发公司 44
2.3.5 构建多渠道、多元化的国家公园资金投入机制 45
2.3.6 建立统收统支的国家公园部门财务管理体制 47
2.3.7 建立以环境质量为依据的税收分成机制 53

第 3 章 国家公园专项资金管理制度 54
3.1 国家公园门票管理制度 54
3.1.1 国内外国家公园门票管理 54
3.1.2 国家公园门票的定价管理 58
3.1.3 国家公园门票收入管理 62
3.2 国家公园特许经营收入管理制度 64
3.2.1 国家公园特许经营项目范围 65
3.2.2 国家公园特许经营的组织方式 66
3.2.3 国家公园特许经营收入的资金管理 68
3.2.4 国家公园特许经营的监管 70
3.3 国家公园社会捐赠管理制度 71
3.3.1 国内外国家公园社会捐赠管理经验及其借鉴 71
3.3.2 中国国家公园社会捐赠收入及管理现状 76
3.3.3 中国国家公园社会捐赠制度和管理改革 77

参考文献 80
声明 81

第 1 章　国家公园财政事权和支出责任划分

国家公园是中国自然保护地体系的主体，也是全国性战略性自然资源生态保护基本公共服务的重要组成部分。国家公园财政事权是一级政府应承担的、运用财政资金提供国家公园基本公共服务的任务和职责。国家公园支出责任是政府履行财政事权的义务和保障。

合理划分中央与地方在国家公园管理上的财政事权和支出责任，是整个国家公园财政体制协调运转的基础环节，是政府有效提供国家公园基本公共服务的前提和保障。政府间财政关系主要包括四个要素：事权、支出责任、财权、财力。多级政府体系下，在明确各级政府国家公园事权的基础上界定各级政府的支出责任才能划分国家公园收入，再通过转移支付调节上下级财力余缺，补足地方各级政府履行国家公园事权的财力缺口，实现财力与事权相匹配，这是确保整个国家公园财政体制有效运转的必然选择。

1.1　中国国家公园财政事权和支出责任划分的现状

1.1.1　中国国家公园财政事权和支出责任划分的历史沿革

1994 年分税制改革，解决了中央和地方收入分享问题，但因客观条件制约，未触动政府间财政事权和支出责任划分。20 多年来，这一改革进展有限，政府间事权和支出责任划分基本上沿袭了 1994 年以前中央和地方支出划分的格局，与建立健全现代财政制度、推动国家治理体系和治理能力现代化的要求不相适应，已经到了非改不可的地步。

自然生态保护领域的财政事权和支出责任划分问题则更为突出。不同于公安、医疗、教育等传统政府事权，自然生态保护理念是近几十年才开始逐步受到重视的，事权划分的实践较晚，不成熟度较其他传统政府事权更为明显。纵向上看，中央和地方自然生态保护事权和支出责任划分不合理，国家级自然保护区等本应由中央直接负责的事务委托给地方承担。中央和地方共同承担的事项过多且不规范。横向上看，各部门之间事权和支出责任重复设置、交叉重叠问题突出。与医疗事权主要集中在卫生行政管理部门、公共安全事权主要集中在公安部门不同，自然生态保护事权分别由环保、林业、住建、水利、国土、农业、海洋等多个政府部门行使，没有一个牵头部门，协调的难度更大，问题更多，也缺乏一部专门法规对事权和支出责任做出明确规定。事实上，自然生态保护事权划分的具体规定主要散见于国务院有关文件或部门规章中。这些文件出台的时间不一、背景不一，甚至在事权和支出责任划分中带有很强的部门利益色彩，是中央和地方利益相互博弈妥协的结果，并非总是基于如何更好地实现保护目标而设计的。事权和支出责任划分存在的上述问题割裂了自然生态系统的完整性，不利于处理好各方权责利关系，也影响了保护目标的实现。

国家公园事权和支出责任划分则是一个更加新的领域。从试点情况看，各国家公园普遍整合了自然保护区、国家级风景名胜区等原保护地体系，统一行使原各类保护地管理的事权，这是迄今国家公园改革取得的最大成就。但客观来讲，各试点国家公园事权和支出责任划分还不同程度存在着不清晰、不合理、不规范的问题。这些问题有的是原保护地事权和支出责任划分问题的延续，有的则是伴随着国家公园设立而新产生的。

1.1.2　中国国家公园纵向财政事权和支出责任划分现状

国家公园纵向财政事权和支出责任，涉及国家公园财政事权和支出责任在上下级政府之间如何配置的问题。在2015年13部委联合下发的《建立国家公园体制试点方案》中，有关国家公园纵向事权被表述为“中央统筹，地方探索”、对国家公园试点实行“省级政府垂直管理”，省级垂直管理成了明确而唯一的体制要求。2016年，新成立的三江源国家公园试点区开始探索实行“中央直管，委托省级政府管理”的新模式，由此揭开了中国国家公园分级管理的序幕。2017年9月，在中办、国办印发的《建立国家公园体制总体方案》中，分级管理体制得到进一步明确，提出“建立分级管理体制”，“分级行使自然资源资产所有权”的要求。

在分级管理体制下，事权划分可以采取以下5种模式：①中央垂直管理模式。目前尚未有国家公园采取这种模式；②中央直管，委托省级政府管理。如三江源国家公园试点区；③中央直管，委托多省省级政府实行跨行政区管理。如大熊猫国家公园试点区、东北虎豹国家公园试点区；④省级政府垂直管理。如钱江源国家公园试点区、武夷山国家公园试点区；⑤省级直管，委托市（县）政府管理，如神农架国家公园试点区。

表1-1列出了中国国家公园的财政事权、支出责任划分和管理模式。

表1-1　中国国家公园财政事权、支出责任划分和管理模式

国家公园财政事权划分模式	财政事权划分	法律责任划分和监督	支出责任划分	典型试点区
Ⅰ. 中央垂直管理	明确国家公园为中央财政事权，由中央政府直接履行	中央政府承担法律责任并实施监督	纳入中央部门预算管理，由中央财政承担支出责任	
Ⅱ. 中央直管，委托省级政府管理	明确国家公园为中央事权，由中央委托省级政府行使	省级政府以中央名义行使国家公园管理职权，承担相应的法律责任，接受中央政府监督	纳入省级部门预算管理，由省级政府承担支出责任，中央通过专项转移支付弥补省级政府支出成本	三江源国家公园
Ⅲ. 中央直管，委托多省省级政府实行跨行政区管理	明确国家公园为中央事权，由中央委托多省省级政府行使，各省之间实现跨区合作，做好各自行政区域内的工作	各省级政府均以中央名义行使国家公园管理职权，承担相应的法律责任，接受中央政府监督	纳入各省省级部门预算管理，由各省省级政府承担支出责任，中央通过专项转移支付弥补各省省级政府支出成本	大熊猫国家公园、东北虎豹国家公园
Ⅳ. 省级政府垂直管理	明确国家公园为省级事权，由省级政府直接履行	省级政府承担法律责任并实施监督	纳入省级部门预算，由省级财政承担支出责任	钱江源国家公园、武夷山国家公园
Ⅴ. 省级政府直管，委托市（县）政府管理	明确国家公园为省级事权，由省级政府委托市（县）级政府行使	市（县）政府以省政府名义行使国家公园管理职权，承担相应法律责任，接受省政府监督	纳入市（县）部门预算管理，由市（县）政府承担支出责任，省财政通过专项转移支付弥补各市（县）政府支出成本	神农架国家公园

以上5种模式的区别主要在于：①国家公园是中央事权还是省级事权；②财政事权是由上级政府直接履行还是委托下级政府履行。课题稍后将探讨这两种不同事权划分情形下的不同管理效率。

1.1.3　中国国家公园横向财政事权和支出责任划分现状

国家公园横向财政事权和支出责任，涉及国家公园财政事权在同一政府不同部门之间如何配置的问题。从横向事权划分来讲，中国的自然保护地体系由多个政府部门分别设立，长期以来一直存在着交叉重叠、多头管理的碎片化问题，各部门之间事权划分不清晰，影响了管理效率；从横向支出责任划分来讲，多个政府部门分别安排保护资金，财政资金在总体上缺乏统筹，也影响了资金的使用效率。

国家公园试点的一个重要目标，就是将由多个政府部门分别行使的自然保护地管理

事权和支出责任整合到国家公园管理机构，从而在制度设计上来解决上述问题。为此，在 2015 年 13 部委联合发布的《建立国家公园体制试点方案》和 2017 年中办、国办印发的《建立国家公园体制总体方案》中，都明确将建立“统一、规范、高效”的国家公园管理体制作为改革的主要目标。“统一、规范、高效”的一个重要内容，就是横向事权和支出责任统一集中到国家公园行使，以解决原体制不规范、不高效的问题。

从试点情况看，各个试点国家公园在统一财政事权和支出责任方面进展并不一致。有的国家公园真正实现了由国家公园管理机构统一履行财政事权和支出责任，但也有的国家公园在成立后，原有各自然保护地管理机构并未撤除，财政事权分割、支出责任分散重叠的现象没有得到根本解决，部门交叉重叠管理色彩依旧。究其原因，很大程度上是因为顾忌到撤除原有保护地管理机构后，专项资金来源渠道可能会受到影响。

1.1.4　中国国家公园与地方政府间事权和支出责任划分现状

不同于其他国家，中国的自然保护地范围内由于历史原因形成了不少乡镇、村落，聚居了为数不少的原居民，需要保留地方政府对社会事务进行管理的事权和支出责任，这样就形成了自然保护地管理机构和地方政府在事权和支出责任划分上错综复杂的关系。

国家公园试点之前，国家级自然保护地多实行的是“国家授牌、委托市县管理”的管理模式。这种模式下，市县政府既负责履行当地社会管理的财政事权和支出责任，也负责履行自然保护的财政事权和支出责任。由于同属市县政府管理和履职，这两种事权和支出责任不需要进行明确的划分，地方政府在处理二者之间的关系时一般都能在强调地方利益和牺牲部分保护目标的基础上达成妥协和平衡。

国家公园成立后，由于国家公园上收至中央或省级政府垂直管理，国家公园管理机构和地方政府在财政事权和支出责任划分上的矛盾开始凸显。虽然在总体上可以明确由国家公园管理机构承担保护、游憩、科研、宣教等事权和支出责任，由地方政府承担辖区（包括国家公园）经济社会发展综合协调、公共服务、社会管理、市场监管等职责，但这样的总体性规定还远不能满足实践的需要。

以森林防火为例，在原来的委托管理模式下，森林防火的责任和经费支出不可推卸地落在了地方政府，地方政府还有兼顾保护和社会管理的意识。国家公园成立后，森林防火的事权和支出责任划分就成为一个需要解决的新问题。可能的形式有四种：①划归国家公园事权，地方政府不承担事权和支出责任。调查表明，这种形式在实践中难以行得通。事实上，森林防火这项工作仅靠国家公园是远远不够的，没有地方政府的层层动员、责任分解、行政强制，以及当地居民的广泛参与，要搞好这项工作几乎是不可能的；②划归国家公园事权，但将部分森林防火事权委托地方政府履行并由后者承担支出责任，中央或省再通过专项转移支付弥补地方支出成本。在森林防火工作中，有哪些事项该国家公园管理机构直接承担？哪些应当委托地方政府承担？地方完成委托事项成本是多少？不同国家公园森林防火工作有没有不同的内容和重点？这些问题几乎没有一个明确的答案；③划归国家公园和地方政府共同事权，由国家公园和地方各自承担支出责任。国家公园和地方事权划分的原则是什么？哪些森林防火事项应划归国家公园管理机构，哪些事项应划归地方政府？采用什么样的协调机制才能实现国家公园和地方政府的良好合作？这些问题都是国家公园管理机构必须面对的新问题；④划归地方政府事权，由地方承担支出责任，对少量应急类事务中央或省通过专项转移支付给予支持。这里所涉及的应急类事务主要是指大面积森林火灾的灭火工作。在国外，森林灭火事权通常划归地方事权和地方支出责任。

上述四种事权划分格局中，究竟依据什么原则，做出什么样的判断和选择，如何细分共同事权和委托事权，这些问题在现阶段的各个国家公园的试点方案中还不曾提及。各试点区普遍的做法是延续原保护地和地方政府事权划分办法，这些传统的事权划分规定散落在不同时期的不同文件中，普遍含混不清，缺乏科学性，甚至相互矛盾和抵触，完全不能适应国家公园管理机构与地方政府的事权关系。原因很简单，在自然保护地委托地方管理的情况下，地方政府责无旁贷必须承担起包括自然保护和社会管理在内的各种职责，因此并不需要将这些职责（事权）在自然保护地和地方政府间做细致的划分。一旦国家公园由委托代管改为省级政府垂直管理，地方政府很可能产生事权上交的错觉，而那些含混不清、相互冲突的规定则很可能成为逃避责任的借口。

1.2　国家公园财政事权和支出责任划分的问题

1.2.1　国家公园与市场边界较为模糊

部分本应由市场调节和社会提供的国家公园管理事务，政府及财政包揽过多。第一，一些适合竞争的领域实行垄断经营。例如，原国家级风景名胜区多设有国有或国有控股的旅游投资公司，垄断了包括餐饮、住宿、索道等适合竞争的特许经营领域，导致服务价高质次。国家公园成立后，这些旅游投资公司的垄断经营格局基本上被延续下来，甚至保留了“整体转让”及“上市”等与国家公园性质相违背的试点内容①；第二，一些可以由社会提供的自然生态保护事务，社会主体参与不足。例如，志愿者服务是国家公园人力资源的重要补充，可以有效地缓解资金压力，却没有得到很好地组织；又如，依法设立基金会为国家公园筹集社会捐赠是国家公园筹资的重要手段。在国外，国家公园的捐赠收入可以高达国家公园总收入的10%以上，而中国基本上没有起步。从社会力量参与国家公园事务的组织方面来看，国外国家公园普遍与广泛联系的非营利友好团体结为伙伴，为国家公园项目募集慈善资金、提供志愿者服务、宣传公园，而中国国家公园建设尚未深入到这个层面；第三，国家公园管理政策还难以引入一些市场机制，影响政策效果。例如，国家公园内部分集体所有的土地及其附属资源，应在用途管制的基础上允许并鼓励集体和个人通过入股、流转、出租、协议等方式实现产权交易以提升资产配置效率，但目前在理念上和实践上都存在着诸多限制，无法实现。

部分本应由政府承担的国家公园管理事务，财政承担的责任不够，自然生态保护公共服务提供不足。以保障国家生态安全为目的的国家公园，属全国性、战略性自然生态保护基本公共服务，应由财政拨款满足其支出。在国外国家公园收入结构中，财政拨款通常占全部收入的80%～85%，公园通过门票、特许经营费等渠道自筹的比例占比仅为10%左右，而中国试点国家公园自筹资金通常要远远高于这个比例。主要原因是，在属地管理和地方财政拨款不足的情况下，允许原保护地通过门票和特许经营费等形式筹集部分保护资金。由于门票和特许经营的定价和管理权属于地方政府，地方政府出于增加收入的动机，一方面通过提价及压低成本来筹集更多资金；另一方面挤占必要的自然生态保护经费，从而导致旅游服务质次价高，而自然生态保护基本公共服务提供不足。

1.2.2 国家公园财政事权划分不合理

（1）国家公园属中央事权，却依然以属地管理为主。表1-1中列出的5种国家公园事权划分和管理模式，可以从两个角度进行观察和分析。

第一，“委托代管”和“垂直管理”存在着很大差别。中央（省级）垂直管理，意味着国家公园的机构、职能、人员编制、经费预算全部由中央（省级）政府管理，国家公园管理机构的工作目标和任务由中央（省级）政府安排，并接受中央（省级）政

① 《国家公园体制试点区试点实施方案大纲》第三章第三节要求，国家公园“经营项目要依法依规实施特许经营……严格禁止试点区整体转让及上市等与国家公园性质相违背的试点内容”。

府的监督管理。委托省级（市县）政府代管，意味着受托的省级（市县）政府在委托范围内，以委托单位的名义行使国家公园管理职权，承担相应的法律责任，并接受委托单位的监督。

从本质上来讲，委托代管带有很强的属地管理色彩。以实行“省级政府垂直管理，委托市县政府代管”的神农架国家公园为例，神农架国家公园无论是人员还是经费依然由神农架林区人民政府安排。从《湖北神农架国家公园管理条例（草案）》（以下简称《管理条例（草案）》）相关规定来看，这样一种委托代管模式具有以下局限性：①没有明确省级政府的监管职能。只笼统规定“省人民政府负责神农架国家公园的组织领导、统筹协调神农架国家公园试点方案的各项任务”，对国家公园管理制度、政策、标准的制定、审批以及保护工作的监管职能，并没有做出明确的规定；②缺乏一个省级牵头部门履行监管职能。《管理条例（草案）》虽要求发改、财政等 15 个主管部门按照分工做好神农架国家公园的相关工作，但并没有明确一个牵头的主管部门，监管缺位是必然的。事实上，在事权划分方面国家公园比原来各自然保护地实行的属地化管理还有倒退。原国家级自然保护区、国家级风景名胜区虽然将日常管理权下放给地方，但保护规划、政策决定、监督评价等事权仍然保留在林业部、国土部等中央相关部门，中央对地方还有所约束。试点中的国家公园现状是，实行属地管理，却又没有一个省级主管部门行使规划、政策等宏观管理职权。随着林业、环保、住建等部门条条管理逐渐从国家公园退出，国家公园属地管理的问题可能会越发突出；③林区人民政府掌握了国家公园事实上的管理权。由于实施“两块牌子、一套班子”，国家公园管理局的人员纳入林区事业编制、资金纳入林区预算，法律责任由受委托的林区承担，从总体上依然延续了原来的属地管理。

“委托代管”状态下国家公园管理局在行使保护职能时明显缩手缩脚、底气不足。即使由市（县）长兼任国家公园园长，长期来看也很难处理好“保护”和“发展”的关系，其结果往往是以牺牲自然生态为代价换取地方发展，这明显违背了国家公园试点的初衷。

第二，省级管理本质上也是一种属地管理。不论是省级政府垂直管理，还是中央事权委托省级政府管理，从本质上看仍然具有属地管理性质。2017 年 7 月，媒体曝光了甘肃祁连山国家级自然保护区存在的各种违法违规开发矿产资源、违法违规建设运行水电设施、周边企业偷排偷放等破坏生态环境的问题。从调查结果看，甘肃省委省政府对破坏生态环境的行为采取放任自流的态度是事件的主要原因。从省政府法制办到省发改委、省林业厅、省国土资源厅等多个部门在立法、审批、监督等各个环节对违法违规行为一路绿灯，最终导致祁连山地区持续多年的生态灾难。

可见，属地管理状态下，即使是省级政府也难以处理好“保护”和“发展”的关系，更不用说市县级政府。从这个意义上讲，国家公园试点在事权划分上的属地管理色彩与国家公园的试点目标存在着严重的背离。

（2）国家公园与地方政府在事权划分上存在着不清晰、不规范的问题。目前，各种国家公园试点方案对国家公园与地方政府事权的描述多为原则性的。在2017年9月由中办、国办印发的《建立国家公园体制总体方案》中，仅在第十条有如下规定：“合理划分中央和地方事权，构建主体明确、责任清晰、相互配合的国家公园中央和地方协同管理机制……”，由中央直管的国家公园“地方政府根据需要配合国家公园管理机构做好生态保护工作……”，由省级政府代管的国家公园“中央政府要履行应有事权，加大指导和支持力度……”。其中，“合理划分中央和地方事权”是一种原则性的要求，而“根据需要配合”“履行应有事权”等表述则非常含糊，对事权划分实践几乎起不到太多的指导作用。

各国家公园试点方案关于事权的划分也有类似原则性的表述。以三江源国家公园试点区为例，《三江源国家公园条例》第十一条对国家公园职责的描述为“三江源国家公园管理局承担三江源国家公园范围内各类自然资源资产所有者职责，统一行使自然资源资产管理和国土空间用途管制”，第十三条规定“三江源国家公园所在地县人民政府负责行使辖区经济社会发展综合协调、公共服务、社会管理和市场监管等职责”。这些规定仅从事权构成要素的角度对国家公园和地方政府的事权进行了粗略划分，存在的问题：①国家公园与地方政府事权划分原则不明确，对具有高度复杂性的事权划分实践难以起到很好的指导作用；②事权划分过于粗略，在可操作性方面仍有待改进提升；③没有按实施环节对国家公园和地方政府的事权进行分解细化；④没有按国家公园分区管理要求对国家公园与地方政府事权进行分解细化。这意味着，国家公园与地方政府事权划分仍存在着大量“空白”之处，难以避免由于职责不清而导致相互推诿的问题。

1.2.3 国家公园支出责任划分不合理

在中国，四级保护地体系中的“国家队”——国家级自然保护区、国家级森林公园、国家级风景名胜区等提供的是全国性、战略性自然保护基本公共服务，属中央事权。按责权利相统一的原则，应由中央政府直接履行并承担支出责任。但在“委托代管”体制下，中央事权不是中央直接行使，而是被委托给省、市、县级政府行使，中央各部门再通过各种自然保护专项转移支付安排相应的保护经费。

从现有的各种保护地政策法规可以看到这种支出责任安排。2011 年修订后实施的

《中华人民共和国自然保护区条例》第二十三条规定，“管理自然保护区所需经费，由自然保护区所在地的县级以上地方人民政府安排。国家对国家级自然保护区的管理，给予适当的资金补助”；2011 年 8 月实施的《国家级森林公园管理办法》虽然没有明确规定各级政府在国家级森林公园上的支出责任，但在第二十条规定“经有关部门批准，国家级森林公园可以出售门票和收取相关费用……并主要用于森林风景资源的培育、保护及森林公园的建设、维护和管理”——这是一种“以园养园”模式。考虑到国家级森林公园的属地管理性质，这种“以园养园”的模式实质上是由地方承担了相应的支出责任。除此之外，2006 年 12 月实施的《风景名胜区管理条例》对国家级风景区的支出责任也有类似“以园养园”的表述。

实行“委托代管”的国家公园，在事权和支出责任划分方面延续了以上做法，即国家公园事权划归中央或省级政府，但采取委托省级或市县政府代管的方式，由省或市县政府承担支出责任，中央或省再以专项转移支付的方式安排相应的保护经费。这种事权和支出责任上的不对称安排存在以下几方面的问题：①导致了严重的责权利不对等。国家公园管理责任、管理权利在地方，但管理的利益是全民享有，责权利不统一增加了管理冲突产生的可能性，制约了地方积极性的发挥；②难以有效制止保护专项转移支付资金被挪用现象。在“委托代管”模式下，由于委托方和受托方在保护专项转移支付资金的使用和管理上存在信息不对称的问题，部分市（县）政府在地方经济和社会发展目标的驱动下将保护专项资金挪作他用，偏离了生态保护的目标。这种现象在专项转移支付资金缺少监管的情况下更为严重；③难以建立健全问责机制。在这种制度下，如果保护资金使用效率不高，很难区分是由于地方管理不力还是上级专项转移支出补助不足，导致委托方和受托方相互推诿、无从问责。

上述事权和支出责任不对称的问题仅限于实行“委托代管”模式的国家公园试点区，而在实行中央或省级政府直管的试点区并不存在。从行政和财政理论来讲，只有“垂直管理”模式才能真正实现“谁的财政事权谁承担支出责任”，这一点并不难理解。

1.2.4　国家公园财政事权和支出责任划分缺乏总体协调

国家公园财政事权属于自然生态保护事权的一部分，需要纳入全国自然生态保护事权和支出责任划分的总体改革中统筹谋划。目前中国自然生态保护体系缺乏顶层设计，还未有部门牵头领导全国自然生态保护体系建设工作，主持制定保护地体系分类标准和管理标准，以及解决自然生态保护领域跨部门财政事权划分不清晰和交叉重复、多头管理带来的问题，协调处理中央垂直管理机构与地方政府的职责关系。受此影响，国家公园事权和支出责任划分在纵和横两个方向上都存在协调问题。

一是部门间自然生态保护事权和支出责任划分协调机制存在障碍。在中国，自然生态保护与很多部门职能相关。由于缺乏牵头部门主持中国自然保护地体系建设工作，各部门各自为政，职能交叉重叠，割裂了自然生态系统的完整性，并且或多或少地掺杂了部门利益，管理保护效能低下。国家公园作为自然保护地体系的重要类型，至今尚未有一个中央层面的管理机构来主持协调与林业、住建、环保等其他部门在自然保护上的事权和支出责任划分问题。

二是国家公园与地方政府财政事权和支出责任划分协调机制存在障碍。在属地管理体制中，由于保护地管理机构、人员、经费都由地方政府安排，地方政府在事权和支出责任划分中通常处于主导地位，保护地体系各管理机构与地方政府在事权和支出责任的协调机制上不存在太多问题，一般都能在倾向地方利益和牺牲部分保护目标的基础上达成妥协和平衡。一旦国家公园由中央直管，并且切断了向地方财政的利益输送，国家公园保护目标和地方政府社会经济发展目标存在的冲突将可能凸显出来。在这个大背景下，如何建立良好的事权和支出责任划分协调机制，使双方能兼顾各自的目标并形成良好的协作关系，将会成为国家公园管理机构和地方政府今后一个较长时期内不得不面对的主要问题。

自然生态保护领域（包括国家公园）事权和支出责任划分协调机制的缺失甚至影响到国家事权划分的总体改革进程。按国务院《关于推进中央与地方财政事权和支出责任划分改革的指导意见》（国发〔2016〕49 号文）要求，2019—2020 年，要基本完成主要领域改革，形成中央与地方财政事权和支出责任划分的清晰框架。在对改革成果进行总结的基础上，梳理需要上升为法律法规的内容，适时编制修订相关法律、行政法规，研究起草政府间财政关系法。自然生态保护领域至今还缺少一个牵头部门来统筹协调事权和支出责任划分相关事宜，这个问题不解决，该领域的改革必将滞后并影响到总体改革的顺利推进。

1.2.5 国家公园财政事权和支出责任划分法制化程度不高

国家级自然保护区、国家级风景名胜区、国家森林公园等保护地都分别制定了保护管理条例或办法。这些条例或办法都有财政事权和支出责任划分的表述，但已不适用国家公园管理。从现有自然生态保护法律体系存在的问题来看，国家公园立法在处理财政事权和支出责任划分的问题上可能会存在以下薄弱之处：

（1）立法空白，财政事权和支出责任划分处于无法可依的状态。目前虽然部分试点区按“一园一法”要求，拟定了适用于各试点国家公园的管理条例，并提交省、自治区人大审议通过，但由于上位法的缺失，这些地方性法规在涉及财政事权和支出责任划分的表述上有刻意回避、模糊化处理的倾向。例如，正处于征求公众意见阶段的《湖北神农架国家公园管理条例（草案）》仅在第四条用一句话提到了支出责任，“神农架国家公园的资金保障实行政府财政投入为主、社会共同参与的筹措机制”。神农架国家公园的门票和特许经营收入如何收取和使用，省级政府和神农架林区人民政府在支出责任上如何划分，这些问题都被刻意回避了。

（2）立法层次不高，财政事权和支出责任划分严肃性和权威性不足。从现有的自然生态保护法律体系来看，除《中华人民共和国自然保护区条例》《风景名胜区管理条例》为国务院颁布的行政法规外，其他的均为各部委颁布的部门规章，还有以公约形式存在的《保护世界文化和自然遗产公约》，立法层次普遍不高。这导致财政事权和支出责任划分方面的相关规定在严肃性、权威性、稳定性方面明显不足，部门利益、地方利益的痕迹随处可见，争权诿责的现象较为突出，行政部门通过法规、规章自相授权等，进一步削弱了法制的完整性和部门之间的有效协作。国家公园立法应尽量避免走上立法层次低的老路。

（3）可操作性差，财政事权和支出责任划分的可执行力打折。现有法规在涉及财政事权和支出责任划分问题上，大多只有原则规范，缺乏明确具体的规定，仅具有政策宣示和导向效果。法律法规失去可操作性等于是“自废武功”。例如，《中华人民共和国自然保护区条例》第二十三条规定，“……国家对国家级自然保护区的管理，给予适当的资金补助”。这条规定政策宣示意义大于实际意义。事实上，2016 年国家林业局和环保部部门预算中编列的国家级自然保护区建设经费仅有 1400 万元和 500 万元，对于林业 337 家国家级自然保护区和环保 47 家国家级自然保护区来说，这笔资金补助可谓是杯水车薪。

国家公园财政事权和支出责任划分存在的上述问题，既有对国家公园这一新事物认识不足的原因，也与中国的自然保护地体系缺乏顶层设计，以及国家公园采取“自下而上”的改革路径有关。由于发改委的《试点方案》过于强调各方的改革责任，没有对地方政府作为改革受损方的利益补偿问题做出明显规定，并且由于改革从一开始就没有明确指定一个牵头部门来主管国家公园体制建设，主持协调国家公园与其他部门的事权划分以及与地方政府的事权划分工作，导致地方政府难以形成稳定的制度预期，加剧了其制度博弈动机和策略性行为。作为一个理性的选择，地方政府在“自下而上”的国家公园体制设计过程中为了避免改革步子迈得过快过大造成利益损失，普遍采取保守、观望的态度，有意回避改革中涉及利益调整的重大问题也就不难理解了。

1.3 国家公园财政事权和支出责任划分的原则

（1）外部性原则。每项基本公共服务都有其特定的受益范围，当受益范围超出基本公共服务提供地而使其他地区直接受益的时候，即产生正的外部性。按公共部门经济学原理，正的外部性会导致公共品供给不足。国家公园事权划分需考虑外部性问题，受益范围覆盖全国的基本公共服务应由中央提供，受益范围仅限于地方的地区性基本公共服务由地方提供，受益范围跨省（区、市）的区域性基本公共服务由中央和地方共同提供。

（2）信息复杂性原则。从发挥不同层级政府优势和提高行政效率的角度考虑，地方政府尤其是县级政府贴近基层、贴近需求，有获取信息便利的优势，并且有很强的组织能力，将信息复杂且获取困难的基本公共服务优先作为地方财政事权，能降低行政成本，提高行政效率。中央政府具有更好地推进基本公共服务均等化的优势，但由于信息获取能力不足，因而将信息比较容易获取和甄别的全国性基本公共服务划为中央事权比较适宜。

（3）激励相容原则。从激励地方主动作为的角度考虑，一项基本公共服务由地方提供却使地方利益因之受损，地方是不会主动作为的。这类基本公共服务宜划为中央事权由中央提供。只有基本公共服务由地方提供，地方可以因之受益，并且服务的质和量越高地方受益越大，这类基本公共服务才适宜划为地方事权。

（4）权、责、利统一原则。按这一原则，适宜由中央承担的财政事权执行权要上划，加强中央的财政事权执行能力；适宜地方承担的财政事权决策权要下放，减少中央部门代地方决策事项，保证地方有效管理区域内公共事务。属于中央和地方共同承担的财政事权，要将战略规划、政策决定、标准制定、执行实施、监督评价等事权要素在中央和地方间做出合理安排，做到权利、责任和利益的对等安排。

（5）财政事权与支出责任相适应原则。哪级政府的财政事权应由哪级政府承担支出责任。按这一原则，属于中央并由中央组织实施的财政事权，应由中央承担支出责任；属于地方并且地方组织实施的财政事权，由地方承担支出责任；属于中央和地方共同事权，按事权要素在中央和地方间配置情况，由中央和地方分别承担相对应的支出责任，承担方式可采取按比例承担或按事项承担或中央给予适当补助的方式。

1.4　国家公园财政事权和支出责任划分改革

1.4.1　合理界定国家公园与市场边界

现有试点方案，在不同程度上没有处理好国家公园什么该管什么不该管的问题。部分应由市场调节和社会提供的国家公园事务，政府及财政包揽过多；部分应由政府承担的国家公园事务，财政承担不够，自然生态保护基本公共服务提供不足。

第一，打破国家公园特许经营垄断，实现特许经营的自由进入。只有竞争才能解决垄断带来的低效问题，由国有或国有控股的旅游投资公司垄断国家公园特许经营，既不符合不允许整体转让和不得上市的政策要求，也无法从根本上解决服务质次价高的问题。国家公园制度设计不应回避这个问题。

第二，发挥市场主体、社会主体、公民个人在国家公园管理事务中的作用。在不影响保护目标的前提下，国家公园的建设和管理应当更多地采取 PPP 模式（Public-Private Partnership），吸引私营企业和民营资本参与到国家公园道路、桥梁、旅游基础设施、保护基础设施建设中，与市场主体建立“利益共享、风险共担、全程合作”的伙伴合作关系。环保领域在国内外有很多非政府组织，如世界自然基金会（WWF）、国际爱护动物基金会（IFAW）、中华环保联合会（ACEF）、中华环境保护基金会（CEPF），国家公园应主动寻求与这些非营利友好团体合作，发挥其公益、透明、高效优势，为国家公园项目募集慈善资金、提供志愿者服务、宣传国家公园。国家公园还应当采取措施，激发志愿者投入自然生态保护的热情，组织和管理好志愿者服务。

第三，采用市场化导向的国家公园管理政策。通常来讲，市场导向的管理政策在效率上优于政府直接管制。从公共部门经济学角度看，对于外部性问题，在不损害国家公园资源保护目标的前提下，应首先考虑利用“科斯定理”，采取市场导向的管理政策。国家公园范围内的部分集体所有自然资源，由于涉及人数少、产权边界清晰，宜探索将所有权和管理权分解，在用途管制的基础上允许并鼓励集体和个人通过入股、流转、出租、协议等方式实现产权交易，以提升产权效率。国家公园宜通过市场竞争配置资源的公共管理类事务，在考虑由国家公园管理机构行使之前，都应当首先考虑采用市场导向的管理政策。只有在市场导向的管理政策失灵时，才能考虑由国家公园直接实施管理。

第四，切实保障国家公园基本公共服务的财政供给。试点国家公园应当纳入事业单位改革进程，明确其公益属性和财政保障渠道。以实现重要自然生态资源国家所有、全民共享、世代传承为目标的国家公园，应划为公益一类事业单位①，其完成职能所需的支出应以财政拨款为主，严格限制创收和自筹比例，以避免成为地方政府的"提款机"。门票和特许经营的定价和管理权不能放给地方，应收归国家公园管理机构行使。

1.4.2　科学划分国家公园财政事权

1. 强化中央政府国家公园事权，解决属地管理问题

从全球国家公园管理实践来看，绝大多数国家都是由中央直接承担财政事权。这主要是从财政事权划分的几个原则进行考虑的：从外部性原则来讲，国家公园的受益范围超出了其所在的地方行政区划范围，由地方提供会导致供给不足，从而产生由正的外部性带来的低效。划为中央事权则可以解决由外部性所带来的低效问题，保证国家公园基本公共服务的效率供给水平；从激励相容原则来讲，由地方提供国家公园服务会产生激励不相容，保护得越好对地方局部利益越不利，难免会产生因追求局部利益而损害国家整体生态安全的问题。正因如此，国外国家公园较少采用属地管理方式；从信息复杂程度看，地方提供似乎比中央更有优势，但这也可以通过国家公园分区分级管理体制和信息化监管手段的运用来加以弥补。例如，美国为解决国家公园信息不对称问题，将全国408个国家公园按地域划分为7个地区，分设了7个地区办公室进行管理。地区办公室采用与总部类似的组织架构，较好地解决了信息复杂导致管理难度过大的问题。不仅如此，通过现代监测技术和信息网络提高生态监控能力，在国家公园布局建设森林、草原、水域等生态空间国家重点监控点和自动监测网络，也可以在很大程度上解决传统技术手段不能解决的信息问题。

中国国家公园财政事权划分除受上述因素制约外，还需考虑中国财政事权改革的方向。总体来讲，中国财政事权改革的大方向是要强化中央政府事权，以解决现有事权配置上中央事权不足和责权利分离的问题。国务院在《关于推进中央与地方财政事权和支

---

① 此处所称公益一类事业单位，是指目前正在试点的国家公园及未来将纳入试点范围的国家公园。未来中央国家公园管理机构设立后，在单位性质上属行政机关，承担全国范围内各个国家公园（公益一类事业单位）的管理职能。

出责任划分改革的指导意见》（国发〔2016〕49 号）里明确提出“适度加强中央财政事权”，将“全国性战略性自然资源使用和保护等基本公共服务确定或上划为中央的财政事权”，“强化中央的财政事权履行责任，中央的财政事权原则上由中央直接行使”，并减少中央委托事权。国家公园属全国性战略性自然资源使用和保护基本公共服务，保护收益归全民享有，管理权力应由中央行使，管理责任也应当由中央承担，以实现国家公园管理责权利的统一。从这个意义上讲，国家公园理应脱离现有的属地管理模式，上划为中央财政事权，由中央直接设立垂直管理机构负责行使。

2. 按事权构成要素，合理划分国家公园和地方政府财政事权

从事权构成要素来看，国家公园和地方政府需要划分的财政事权涵盖了从自然生态保护、游憩管理到城乡社区事务、社会治安、义务教育、社会保障等多个领域。

中央政府通过各个国家公园履行全国性、战略性自然生态保护和自然资源管理事权，并承担游憩管理、科学研究、环境宣传和教育等方面的事权。这些基本公共服务外部性强，受益范围覆盖全国，信息相对比较容易获取和甄别，由地方提供存在激励不相容问题，按责权利统一原则应划为中央财政事权，由国家公园管理机构行使。

地方政府主要履行辖区经济社会发展综合协调、公共服务、社会管理和市场监管方面的事权。其中，城乡社区事务、市政交通、农村公路、社会治安等基本公共服务受益范围仅限制在当地，信息较为复杂且主要与当地居民密切相关，宜划为地方财政事权，由地方政府各职能部门行使相应的管理职责。从事权实施环节上看，上述事权实施的各个环节包括规划、政策、标准、具体执行、监督评价等都应由地方政府行使，中央应减少对地方上述事务的干预，避免出现“一竿子捅到底”的情况。地方辖区范围内的义务教育、科技研发、公共文化、基本养老保险、基本医疗和公共卫生、城乡居民基本医疗保险、就业等基本公共服务，按事权划分原则宜划为中央和地方共同财政事权，在财政事权由中央决定的总体要求下由地方政府各职能部门在中央授权范围内履行财政事权责任。由于国家公园管理机构不涉及义务教育、公共文化、社保、就业等方面的社会管理职能，这些领域的财政事权和支出责任划分，国家公园管理机构不宜干预。

在国家公园管理实践中，仅有上述原则性的规定是远远不够的，需要按照事权构成要素做进一步的细化。仍然以森林防火为例来说明。在以森林资源为主要保护对象的国家公园，其森林保护工作的一个重要内容就是森林防火。虽然总体上来说，资源保护工作属国家公园（中央或省级）事权，但是在森林防火方面则需要具体分

析：①从事权划分原则上看，森林防火的受益范围不仅是全国，地方也是受益的，并且地方有动机也有信息优势做好森林防火工作；②从森林火灾的扩散性看，国家公园园区内外的森林火灾具有双向扩散的可能性，灭火不可能划归为国家公园或地方政府的独立事权；③从中国森林防火的实践看，建立保护地管理机构和地方政府联动机制，加强在森林防火工作上的协调配合，是中国森林防火工作的一条成功经验，不应在国家公园改革中被忽视甚至被废止；④国外也有将森林防火划归地方事权的成功案例和经验。以上分析表明，部分国家公园森林防火工作应当而且能够划归地方事权，而不是划归中央事权再委托地方履行。

在细分森林防火事权方面，可以借鉴自然保护地和地方政府事权划分的成功经验。对于日常巡护、火警监测、防火宣传和培训、专业防火队伍建设、小型森林火灾的扑救等日常事项，均由国家公园资源保护部门执行；而在火灾易发时期、重特大火灾发生时期则通过与地方政府的“三级”或“四级”联动机制，动员民众和半专业的防火应急分队进行巡查和扑救。考虑到森林火灾的扩散性和现有的森林防火组织体系，联动应以地方政府为主，由设在省、市、县林业部门的森林防火指挥部统一指挥、部署。表 1-2 列出了森林防火共同事权细分的具体设想。

表 1-2　森林防火共同事权的细分

	国家公园管理机构事权和支出责任	地方政府（市县）事权和支出责任
森林防火	在各级森林防火指挥部的指导下开展森林防火工作	统一指挥和协调全区范围内（包括国家公园园区内外）森林防火工作
	日常巡护	火灾易发期[1]的宣传和巡查
	火警监测[2]	对火险隐患行为的跟踪管理[3]
	防火宣传	重特大森林火灾的扑救
	专业防火队伍建设	
	对半专业防火队伍的培训	
	小型森林火灾的扑救[4]	

注：①火灾易发期主要集中在清明、春节等传统节日。

②火警监测包括瞭望台、视频监控系统、智能预警系统的建设和运行。

③火险隐患行为包括“红白喜事”燃放烟花爆竹和“烧香拜佛”燃放香烛等行为。

④根据森林火灾等级建立多层次的应急响应机制是森林灭火工作的一个成功经验。国家公园范围内的一般森林火灾由国家公园负责扑救；较大森林火灾由国家公园和市（县）政府联合扑救；重大森林火灾由国家公园、市（县）、省级政府联合扑救；而类似 1987 年大兴安岭“5·6”特别重大森林火灾则由国家公园、市（县）、省、中央政府联合扑救。相应地，灭火工作的指挥权也应按火灾发展的等级从国家公园逐步移交到市（县）、省乃至国家森林防火指挥部。

由此，我们对国家公园和地方政府事权细分工作做一些初步总结，主要步骤为：

（1）列出国家公园有可能与地方政府产生事权交叉重叠的每一项工作。这些工作有可能与国家公园职能相关（如资源保护、游憩、环境宣传教育、科研等），也有可能看上去是属于地方政府职能的一些工作（如居民的再就业培训、扶贫、社区发展等）。

（2）按照事权构成要素分解细化各项工作。以资源保护为例，资源保护为一级事权，下面还可以分为“森林保护”“湿地保护”“生物多样性保护”等二级事权，在“森林保护”下还可以继续细分为“森林防火”“森林病虫害防治”“防盗猎盗伐”等三级事权。

（3）按照事权划分原则对每一个三级事权进行分析，在“国家公园事权”“地方政府事权”“国家公园和地方政府共同事权”“国家公园事权委托地方政府执行”等不同模式之间进行综合评价与判断，选择一个最佳的事权模式。除事权划分原则外，灾害的扩散性也需要着重考虑。这类扩散性的灾害除了前述的森林火灾之外，还有森林病虫害、水污染的扩散等，都需要结合事权划分原则考虑将其纳入共同事权。

对属于委托事权和共同事权的，在广泛调研总结的基础上，划分共同事权中各自承担的部分以及委托事权中应委托给地方的部分。划分的标准应该是多维的：可以按事权的实施环节、国家公园分区管理的要求或时间等不同标准进行划分。本章稍后将会对按事权实施环节和按分区管理要求这两个维度进行更深入的探讨。

核算国家公园事权委托地方履行时地方政府的财政成本，由中央（省级）财政以专项转移支付的形式补偿到国家公园所在地方政府。其他事权，由国家公园和地方政府按“谁的事权谁承担支出责任”的原则列入各自预算。

事权划分是支出责任划分的基础，也是整个国家公园财政体制协调运转的基础。事权划分工作既繁重又具有长期性，需要在实践中经过长期磨合、调整并逐渐清晰稳定下来，才能最终实现国家公园与地方政府间的良好合作。

3. 按事权实施环节，合理划分国家公园和地方政府财政事权

国家公园财政事权履行涉及战略规划、制度建设、政策决策、标准拟定、执行实施、监督评价等多个环节，需要在国家公园管理机构和地方政府之间做出清晰而科学的划分。

在规划环节，国家公园管理机构负责编制并实施管辖区域内的生态环境保护规划，地方政府负责编制并实施辖区范围内的经济社会发展规划、城乡规划、土地利用规划。上述各项规划应按照“多规合一”的要求，探索建立“统一衔接、功能互补、相互协调”

的空间规划体系，形成一个市县一本规划、一个蓝图。国家公园管理机构和地方政府需要探索整合规划及衔接协调各类规划的工作机制。

在制度建设环节，国家公园按“一园一法”的要求，拟定国家公园管理的地方性法规，对国家公园的管理体制、规划建设、资源保护、利用管理、社会参与等进行规范，由省、直辖市、自治区人大审批后实施。国家公园还应按照现代组织治理的要求，结合国家公园使命和组织目标，制定并完善各项内部管理制度。地方政府负责制定社会管理、公共服务和市场监管等方面的地方性法规、政府规章和内部规范性文件。

在政策制定环节，国家公园依据组织使命和目标，制定生态保护、自然资源产权管理、游憩管理、社区发展和社会参与等方面的鼓励和限制政策。地方政府依据社会经济发展目标制定相关政策，促进当地经济社会发展。

在资源保护标准制定环节，国家公园依据国家林业局、国土资源部、国家海洋局等部委颁布的保护名录和湿地、荒漠、野生动植物、海域等保护标准，以及国家旅游局颁布的旅游标准化体系制定本国家公园辖区内的重点保护对象名录和保护标准。地方政府依据国家相关标准制定社会管理的地方性标准。

在执行环节，国家公园与地方政府的事权划分则相对要复杂。①国家公园负责资源保护、游憩规划的实施以及与之相关的制度、政策和标准的执行，地方政府的社会管理和公共服务财政事权由地方政府相关部门负责执行；②强化国家公园财政事权的履行责任。国家公园财政事权原则上不委托地方执行，由国家公园管理机构直接行使；③部分国家公园财政事权如有需要可委托地方执行或寻求地方协助，但应通过专项转移支付安排相应经费。如国家公园范围内的拆迁和移民安置是国家公园管理机构执行自然生态保护事权的一个内容，但国家公园缺乏必要的行政权力和组织力来执行，这种情况下可委托地方政府执行并由国家公园承担拆迁和安置补偿经费。对国家公园委托地方政府行使的财政事权，受委托地方政府在委托范围内，以委托单位名义行使职权，承担相应的法律责任，并接受委托单位的监督；部分地方政府事权在执行中需要国家公园支持的，国家公园可执行并承担部分支出责任。如就业、扶贫从事权划分原则上看都属于地方事权，但地方居民的就业和脱贫又与国家公园紧密相关并且直接影响着国家公园管理目标的实现，国家公园管理机构也可承担部分就业培训、就业引导、当地居民参与保护和特许经营等方面的事权和支出责任；④在国家公园管理机构和地方政府相互委托的财政事权中，最重要的是如何建立起双方良好的沟通协调机制。目前来看，试点国家公园在与地方政府的沟通协调中不占优势，难度较大，迫切需要一个中央层面的国家公园管理机构出面与地方政府协调，并制定相应的法律法规将委托事项予以明确。

在监督评价环节，国家公园管理机构履职情况的监督评价可依托两个体系：一方面，依托内部监督评价体系。按责权利统一原则，各试点国家公园管理机构代表中央政府行使自然保护财政事权，其履职的监督评价工作也应由中央国家公园管理机构负责，中央国家公园管理机构的履职监督评价工作由国务院负责。国家公园管理机构成立后，需要逐步完善内部监督评价体系，并建立相应的奖惩制度；另一方面，依托社会监督评价体系，包括权力机关、审计、纪检监察、舆论对国家公园管理机构履职情况进行监督评价。特别是要引入第三方评价，加大公众评价指标的权重。地方政府履职情况的监督评价，按现有监督评价体系进行。

4. 按国家公园分区管理实际，合理划分国家公园和地方政府财政事权

目前试点国家公园大多按照实际管理需要，借鉴国外国家公园管理实践并参照《国家公园体制试点区试点实施方案大纲》（发改办社会〔2015〕708）的规定，在国家公园实施了分区管理。如三江源国家公园试点区被划分为核心保育区、生态保育修复区和传统利用区；神农架国家公园被划分为严格保护区、生态保育区、游憩展示区和传统利用区，实行差别化保护。国家公园管理机构和地方政府财政事权在不同的功能分区应有所不同：

在严格保护区（或核心区），财政事权划分：①以国家公园管理机构财政事权为主，地方政府不承担财政事权；②国家公园管理机构主要行使资源保护职能，实行最严格的保护管理措施；③保护目标是维持自然生态系统的原真性、完整性，保护生物多样性、历史文化遗迹以及地质地貌；④保护手段主要采取禁止人类活动；⑤由国家公园管理机构代表国家行使自然资源资产管理权。严格保护区范围内的少量集体土地及其附属资源，宜通过征收的方式收归国有。严格保护区内的原居民宜进行生态移民搬迁。

在生态保育区（或生态修复区），财政事权划分：①以国家公园管理机构财政事权为主，地方政府不承担或承担较少的财政事权；②国家公园管理机构主要行使资源保护职能，实行中高强度的保护管理措施；③保护目标是恢复自然生态系统的原真性以及生物多样性；④保护手段是在禁止人类活动的同时，对生态系统的恢复施以经常性的、积极的人工干预；⑤由国家公园行使管辖范围内的自然资源资产管理事权。生态保育区内的集体土地及其附属资源，可视保护的需要通过征收的方式收归国有，也可保留其集体产权性质，但对其用途进行严格的管制。生态保育区内可以保留少量原居民，允许其保持原有的生产生活方式并参与生态修复。

在游憩展示区（或游憩区），财政事权划分：①以国家公园管理机构财政事权为主，地方政府承担小部分财政事权；②国家公园管理机构主要行使游憩管理、环境宣传教育事权；③管理目标是在不造成破坏的前提下尽可能多地提供游憩展示、宣传教育服务；④管理手段以禁止开发和限制开发为主，并对游客量进行控制；⑤对游憩区内各类旅游设施设备进行集中统一的产权管理，包括游客中心、宾馆、餐馆、索道、游览车、滑雪场等各种类型的旅游设施设备的产权应从目前的国有旅游集团公司划拨至国家公园管理机构，同时由国家公园管理机构接管其债权债务关系。国家公园再以竞争的方式选择旅游产品和服务的供应商，并按特许经营方式实行合同管理；⑥分解细化游憩展示区国家公园管理机构和地方政府财政事权。一是索道、电梯等特种游乐设备的经营管理权由国家公园和特许经营商行使，但设备的检修由地方质量技术监督部门完成；二是游憩区的经营管理事权，主要包括工商行政管理、质量技术监督、食品卫生监督、旅游管理等，可采取两种事权划分方式：游客量小，由地方政府相关部门实行管理；游客量大，也可由国家公园设立综合执法部门行使管理权，综合执法部门可保留行政编制，人员、经费由国家公园管理机构负责，在业务上接受行业指导；三是游憩区的治安管理。森林公安宜划至国家公园管理机构，由国家公园承担财政事权。治安管理可视情况由地方公安进行管理，也可在国家公园设公安分局或派出所，只保留治安管理职能，人员、经费由国家公园管理机构负责，业务上接受行业领导和管理。

在传统利用区，财政事权划分：①国家公园管理机构行使少量与资源保护有关的财政事权，地方政府承担较多的社会管理财政事权；②传统利用区内的国有自然资源资产由国家公园管理机构行使所有权和管理权。包括国有林地、草地、荒地、矿山、海域等分散在林业部门、国土部门、海洋行政主管部门的国有产权应划转至国家公园管理机构。国家公园管理机构可视资源保护管理的需要，采用征用、征收、征购、赎买等手段将传统利用区的集体土地、集体林地等转为国有；③传统利用区内可保留集体所有的土地、林地、草场等，产权归集体所有，日常经营管理权由集体或农牧民个人行使。国家公园的管理主要体现在两个方面，一是按照资源保护目标实施用途管制，以保证农地、林地等自然资源的低水平非工业利用；二是引导发展生态农业、生态畜牧业、生态公益林，以促进传统生产方式与自然保护相互兼容，保护大尺度的生态过程。在此基础上，应允许并鼓励农牧民通过流转、出租、协议等方式实现产权交易，以提升产权效率。地方政府农业部门则为农民、牧民提供科技转化与推广服务、病虫害防治、农业组织化和产业化经营等公共服务；④传统利用区的国有土地，通常为县、镇（乡）政府所在地，多为人口集聚区，涉及人口众多、信息复杂，并且产权历史遗留问题多，宜延续现有的管理体制，由地方政府国土资源部门行使产权管理职能，国家公园管理机构没有能力也无必要参与这部分国有土地的产权管理。但根据资源保护的目标，国家公园需要对国有土地的用途及建筑物样式进行管制；⑤传统利用区的县、乡镇政府所在地，水、电、气、道路、桥涵、公交、道路照明等城乡社区公共设施的修建及维护，以及环境卫生等公共服务，由地方政府住建部门行使相应的财政事权。传统利用区的其他社会发展事务，如教育、医疗、社保等，仍由地方政府相关部门实施管理；⑥国家公园所在地人民政府涉及自然生态管理和生态保护的行政管理职责，宜划转到国家公园统一行使。

1.4.3　科学划分国家公园和地方政府支出范围

目前，中国的国家公园依然维持了属地化管理模式，即由省政府直管并按原资金渠道由省级政府承担支出责任，中央再通过转移支付对地方进行补助。这种安排既违背了责权利统一的原则，也不符合激励相容原则，试图通过简单地增加对地方的一般性转移支付是不能解决问题的。国家公园和地方政府支出责任划分的基本思路是，在合理划分国家公园和地方政府财政事权的基础上，按照“谁的财政事权，谁承担支出责任”的原则，确定国家公园和地方政府的支出责任。对于属于国家公园的财政事权，原则上由国家公园承担支出责任；对于属于地方政府的财政事权，原则上由地方承担支出责任。

国家公园支出责任。国家公园属于中央财政事权，应当由中央财政安排经费，中央国家公园管理机构及各试点国家公园不得要求地方安排配套资金。国家公园财政事权如委托地方执行，要通过专项转移支付安排相应的经费。地方财政事权如果需要国家公园支持的，国家公园应安排相应的支出，或通过引导类、应急类、救济类专项转移支出予以支持。按支出责任与财政事权相适应的原则，国家公园支出责任主要包括：从事权构成要素看，国家公园应承担自然生态保护、自然资源产权管理、游憩管理、科学研究和环境宣传和教育等方面的支出责任；从事权实施环节看，上述事权在规划编制、制度制定、政策出台和执行等各环节的支出责任原则上均应由国家公园来承担；从国家公园分区管理实际看，国家公园主要承担严格保护区、生态修复区和游憩展示区的支出责任。

地方政府支出责任。地方政府财政事权原则上由地方通过自有财力安排。对由于国家公园严格的保护目标而导致地方政府履行上述财政事权、落实支出责任存在的收支缺口，应通过中央财政的一般性转移支付弥补。地方政府财政事权如委托国家公园行使，地方政府应承担相应经费。按支出责任与财政事权相适应的原则，地方政府支出责任主要包括：从事权构成要素看，地方政府应承担辖区范围内经济社会发展综合协调、公共服务、社会管理和市场监管方面的支出责任；从事权实施环节看，上述地方事权在规划、制度制定、政策出台和执行等环节的支出责任原则上均应由地方政府承担；从国家公园分区管理实际看，地方政府主要承担传统利用区的社会管理支出责任。

1.4.4　建立国家公园财政事权和支出责任划分的协调机制

国家公园财政事权和支出责任划分的协调包括横向和纵向两个方面。从横向来看，需要协调国家公园管理机构与其他承担自然生态保护职能的政府部门间的财政事权和支出责任；从纵向来看，需要协调国家公园与地方政府的财政事权和支出责任。能否建立有效的协调机制，形成良好的沟通和合作关系，是国家公园保护管理目标能否实现的关键。

一是建立部门间财政事权和支出责任划分的协调机制。按照一项财政事权归口一个部门牵头负责的原则，目前很紧迫的任务是要确定一个中央部门牵头负责全国自然生态保护事权划分工作，负责理顺部门分工，妥善解决跨部门财政事权划分不清晰重复交叉问题，处理好国家公园作为中央垂直管理机构与地方政府的职责关系。二是建立国家公园与地方政府财政事权和支出责任划分的协调机制。目前来看，仅仅依靠试点中的国家公园与地方政府进行沟通协调有较大的难度，可行的协调机制可以考虑从以下几个方面着手：①成立中央国家公园管理机构，建立国家公园垂直管理体系。国家公园事权划归中央后，就必须相应调整中央、地方人员机构，使管理组织结构与职能划分相匹配。成立中央国家公园管理机构，作为国务院直属副部级机构，或作为全国自然生态保护牵头部门的下属副部级机构，主要负责处理由于国家公园财政事权和支出责任划分带来的职能调整，以及人员、资产划转等事项，配合推动制定或修改相关法律、行政法规中关于财政事权和支出责任划分的规定，协调处理国家公园与地方政府财政事权和支出责任划分关系。全国各国家公园管理机构可作为该部门的垂直管理单位，在工作任务安排、人员安排、预算安排和监督考核等方面接受该部门的直接领导；②改革绩效考核标准，强化双方对对方目标的认同。应将当地社会发展目标纳入国家公园年度绩效目标体系中，强化国家公园对地方发展的关注；省级政府也需要淡化对国家公园所在地地方政府经济目标的考核，强化生态目标的考核；③建立事权协调工作机制和事权划分争议处理机制。明确国家公园和地方政府共同事权和国家公园委托地方政府行使的财政事权设置的原则、程序、范围和责任，减少划分中的争议。总之，国家公园垂直管理体制建立后，与地方的协调关系将是双方面临的一个新课题，需要双方在实践中不断探索和改进。

除此之外，中央层面的国家公园管理机构和试点国家公园之间也存在着财政事权和支出责任划分问题。中央国家公园管理机构主要承担制定国家层面的保护规划和政策、拟定部门规章、拟定技术标准，以及对各地国家公园保护和管理效果进行监督和评价等方面的财政事权，并承担相应的支出责任。各地国家公园管理机构在中央国家公园管理机构总体规划和政策指导下，制定适应各个国家公园实际的发展规划、管理制度和管理保护政策，负责事权的执行并承担相应的支出责任。

1.4.5　推进国家公园财政事权和支出责任划分的法制化

一是加快国家公园立法进程。由于上位法的缺失，各试点国家公园在按“一园一法”的要求拟定管理条例的时候，对如何处理横向和纵向事权和支出责任划分关系难以做出合理的制度安排。应加快中国的《保护地法》和《国家公园法》的立法进程，将国家公园与地方财政事权和支出责任划分基本规范以法律和行政法规的形式加以规定，以解决各试点国家公园在制度建设中的困境。

二是提高国家公园立法层次。目前除了国家公园试点实施方案中对国家公园与地方政府的财政事权和支出责任划分有一些原则性的提法外，几乎见不到关于任何法律、行政法规或部门规章对此有明确的规定。国家公园立法应立足于高起点、高标准，着眼于在法律、行政法规的层面对事权和支出责任划分做出权威性的、严肃性的规定。从这个意义上讲，目前各国家公园管理条例以地方性法规的形式出台是不妥的，宜由新成立的中央国家公园管理机构以部门规章的形式颁布实施。原因在于，地方性法规仍然是一种属地管理思维，一旦国家公园垂直管理体系构建起来，这种地方性法规无疑将处于一种尴尬的境地。

三是提高相关法律法规的可操作性。国家公园财政事权和支出责任划分不能仅做原则性的规定，应按事权构成要素、实施环节和分区管理实际，分解细化国家公园和地方政府承担的职责，以提高法律法规的可操作性。

第2章 国家公园资金保障机制

各国家公园试点实施方案最大的亮点在单位管理体制改革。试点中的国家公园普遍建立了省直管的单位管理体制，整合了原各类保护地管理体系，建立了统一的国家公园管理机构，管理上交叉重叠、多头管理的碎片化问题基本得到解决。但资金保障和资金管理基本上延续了原各类自然保护地体系下的属地管理和多头管理模式，资金依然由地方保障为主，管理权依然由省级以下林业、国土、水利等多个政府部门分别行使。国家公园单位管理体制与资金机制不适应的问题开始凸显，单位管理体制的统一规范和资金管理体制的碎片化矛盾日渐突出。

资金问题涉及国家公园改革各方的核心利益，是国家公园改革的“龙头”问题。资金机制不理顺，国家公园管理体制运行不会顺畅，国家公园整体改革在多方利益相互博弈的格局中势必面临诸多阻碍。从国家公园试点目标来看，“统一、规范、高效”不仅是对管理体制的要求，也是对资金保障机制的要求。构建与统一的国家公园管理体制相适应的国家公园资金保障机制，解决资金管理上的碎片化和低效问题已成为当务之急。

2.1 中国自然保护地资金来源和运用状况

中国的国家公园资金来源和运用状况是由现行的保护地体系资金保障机制决定的。从资金来源上看，中国各保护地的资金通常包括财政拨款、门票收入和特许经营收入分成、其他经济开发收入分成、捐赠收入等。对于大多数国家级保护地，财政拨款通常占到70%～80%的收入比重，表明财政已承担起绝大部分国家级保护地自然保护支出责任。

（1）财政拨款。属地管理体制下，自然保护地来自财政的拨款渠道有两个：本级部门预算拨款和上级财政专项拨款。其中，本级部门预算拨款包括基本支出拨款和项目支出拨款，纳入保护地本级财政预算。从资金来源上看，国家级保护地资金主要来源于中央财政的专项转移支付收入，而市县级保护地资金则主要由市县财政安排；上级财政专项拨款由保护地上级主管部门以中（省、市）直专项的名义拨付到保护地管理机构，纳入保护地上级财政预算。图 2-1 列出了属地管理体制下中国自然保护地财政拨款状况。

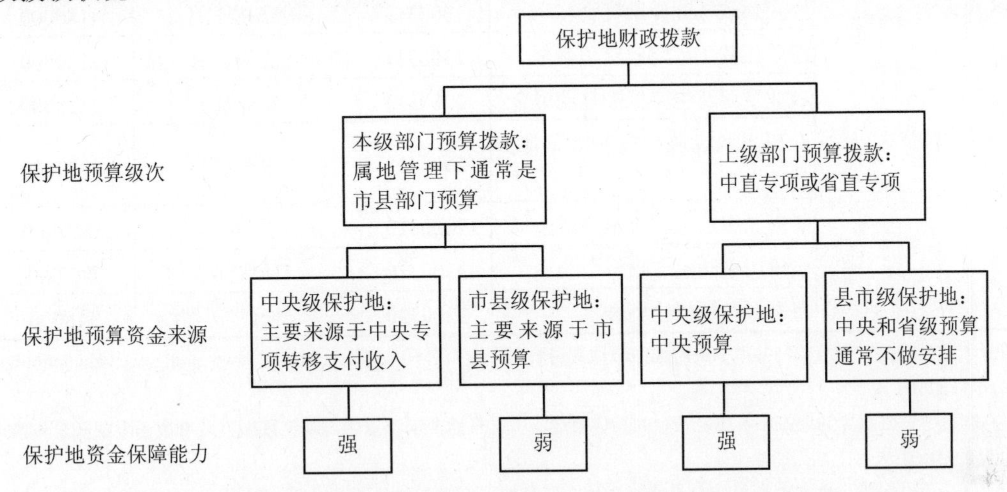

图 2-1　属地管理体制下中国自然保护地财政拨款状况

图 2-1 可以看出中国自然保护地财政拨款的主要特点：①保护地资金保障能力存在很大差异。层次越高的自然保护地得到的财政拨款越充足、越稳定；②从财政拨款的政府层级构成看，既有来源于本级财政的预算拨款，也有来源于上级财政的专项拨款。对于国家级自然保护地，虽然在属地管理模式下由市（县）财政安排预算拨款，但由于有较为充足的中央财政专项转移支付收入，资金保障能力较强；但对于市县级自然保护地，由于得不到上级财政的转移支付收入，也没有上级财政的专项拨款，普遍存在着财政拨款不足的问题；③从财政专项转移支付收入形式和分配部门看，包括天然林保护工程补助经费、退耕还林工程财政专项资金、生态公益林专项转移支付等多种形式，分别由自然保护地上级主管部门编制专项转移支付预算进行安排。这意味着，在保护地交叉重叠设置的情况下，同一个保护地在资金来源上通常存在着多个“婆婆”；④从财政转移支付结构来看，由各主管部门安排的专项转移支付比重要远大于中央财政安排的一般性转移支付比重。表 2-1 列出了 2016 年中央财政自然生态保护一般性转移支付和部分专项转移支付情况。

表 2-1　2016 年中央财政自然生态保护转移支出结构[①]

	转移支付名称	科目代码	安排的部门	数额/万元
一般性转移支付[②]	重点生态功能区转移支付	2300226	财政部预算司	5700000
专项转移支付[③]	天然林保护工程补助经费	2300311	国家林业局	2216070
	中央财政林业补助资金	2300313	国家林业局	4180000
	退耕还林工程财政专项资金	2300311	国家林业局、农业部	2120500
	农业资源及生态保护补助资金	2300313	农业部	2328000
	农田水利设施建设和水土保护补助资金	2300313	水利部	3920000
	江河湖库水系综合整治资金	2300313	水利部	1828000
	土壤污染防治专项资金	2300320	环保部	687000
	海岛和海域保护资金	2300320	国家海洋局	118000

注：①数据来源：财政部网站"中央对地方转移支付管理平台"公开信息，见 http：//www.mof.gov.cn/zhuantihuigu/cczqzyzfglbf/。

②由中央财政算到地方，不规定资金的具体用途，用于补偿全国重点生态功能区地方政府由于限制开发和禁止开发的财政损失。

③由于"保护"概念本身存在着不明确之处，现有的政府收支科目无法全面、准确地反映全国自然生态保护支出总量和结构，本表所列的专项转移支付不足以涵盖全部自然生态保护支出，部分专项转移支付也并不全部用于保护工作。

（2）门票和特许经营收入。门票和特许经营收入属非税收入，通常由旅游开发公司向游客收取，并依据旅游开发公司经营收入总额或者是分项收入额，按比例分成或固定数额提成的办法划拨至保护地管理机构，由后者用于自然生态保护。门票和特许经营收入在旅游开发公司和保护地管理机构之间的分享比例存在很大差异。在神农架，由于每年得到的中央转移支付数额较为稳定且能够满足基本的保护支出，由神农旅游投资集团有限公司收取的门票和特许经营收入几乎不与保护地分账，全部计入集团公司经营收入；在黄山，由于黄山风景区管委会得到的财政拨款少，由黄山旅游上市公司收取的门票先按每张 29 元的标准向管委会交纳"自然文化遗产保护费"，再按 5∶5 分成的方式在上市公司和管委会之间分成。2016 年，仅门票分成，黄山风景区管委会就得到 3.03 亿元的收入；在三江源，由于门票和特许经营收入数量相对很少，三江源保护管理机构主要收入来源为财政拨款，用于三江源的自然生态保护。全国大多数国家公园试点情况与神农架类似，由于设立了国家级自然保护区，中央专项转移支付收入能够满足基本的保护支出，门票和特许经营收入很少与保护地管理机构分享。

（3）其他经济开发收入。其他经济开发收入主要是国有资源（资产）有偿使用收入。

中国的各保护地由于承受着来自地方政府的较大的开发压力，存在着各种形式的经济开发收入（如水电开发征收的水资源费收入、探矿权和采矿权使用费收入、海域和海岛使用金等），这些收入由地方代行自然资源所有权管理职能的政府相关部门收取，有的在地方财政和中央财政之间进行分成，有的也在地方政府和保护地之间进行分成，从而构成保护地一部分保护资金来源。

（4）捐赠收入。在中国，由于经济社会发展尚处于初级阶段，人们的自然保护观念还处于逐步形成的过程中，捐赠意识相对薄弱，加之社会捐赠相关法律法规的缺失以及存在的监管漏洞，各自然保护地捐赠收入占比非常低，大部分保护地的捐赠收入几乎可以忽略不计。这与国外通常高达7%～10%的捐赠收入比例形成较大的差距。

除开捐赠收入不计，上述前3项资金来源的比重在不同的保护地之间存在很大差别。以湖北神农架为例，原保护管理机构行政和事业编制人员577名，2016年由神农架林区人民政府通过部门预算安排人员经费2547万元，日常公用经费670万元，合计由地方安排基本支出3217万元[①]。而当年由中央和省财政通过天然林保护、退耕还林、农业综合开发林业项目等安排的各类专项转移支付达到12705万元。而在安徽黄山，承担保护职责的黄山风景区管理委员会2016年从黄山旅游投资公司门票、索道收入中分享的收入总额为34479.41万元，而财政拨款收入仅为2703.39万元，分享收入和财政拨款收入占风景区管委会全部收入的比重分别为85.5%和6.7%[②]。在中国保护地资金来源结构中，风景资源禀赋较好的黄山、普达措等保护地依靠门票和特许经营分享的收入比重要普遍高于三江源、神农架、南山等风景资源禀赋稍逊或交通不便的保护地，而后者保护资金对财政拨款的依赖程度要高得多。

从资金运用上看，地方财政通过本级部门预算安排的财政拨款主要被用于与保护相关的支出，包括森林病虫害防治、森林火险监测、信息化建设、聘用巡护人员、保护区的基本建设等项目。门票、特许权经营费收入在保护地与地方政府之间按一定比例分成后，通常被用于保护区的旅游设施设备建造和维护以及弥补其他资金的不足。水资源费和探矿权、采矿权使用费分成收入则被用于植被恢复、水源保护等项目。事实上，上述资金来源和运用关系在不同的保护地之间存在着很大差异，不能一概而论。

国家公园成立后，在整合各保护地管理机构之后，首先面对的就是这样一个以属地管理和条条管理为特征的自然保护地资金保障机制。这种传统的资金保障机制在保障能

---

① 数据来源：《神农架国家公园体制试点区试点实施方案》。

② 数据来源：黄山风景区2016年财政决算报表。

力、资金效率方面存在着较大问题，与统一、规范、高效的国家公园资金保障机制存在很大差距，需要通过改革加以解决。

2.2 中国自然保护地资金保障机制存在的问题

上述资金来源和运用情况，带有很强的地方管理属性和条条管理属性，在保护资金的有效使用和监管方面存在着较大的问题。

2.2.1 属地管理和保障弱化了国家公园保障能力

自然保护地的财政拨款层级是由其行政管理层次决定的，保护地的属地管理特征决定了中国各类保护地财政拨款结构以县市安排为主，资金保障能力从总体上难以满足履行资源保护职能的需要。

纳入国家公园管理范围的原保护地既有国家级自然保护地，也有省级或少量市县级保护地。这些保护地体系在管理模式上非常复杂，但基本上都属于属地管理。以国家级自然保护区为例，在林业部门管理的337家国家级自然保护区中，仅有四川卧龙、陕西佛坪、甘肃白水江国家级自然保护区管理局为国家林业局直属事业单位，纳入到国家林业局部门预算，由中央直接管理并承担支出责任，其他国家级自然保护区均由地方林业部门实施管理。其中，少数被纳入省林业厅或相关政府机构所属二级单位，收支列入省林业厅或相关机构部门预算由省级财政予以保障。大部分国家级自然保护区的管理权被委托给所在的县（区），由县林业或相关机构部门预算予以经费保障。同样，省级和市级自然保护区的管理权也大多被委托给所在的县，由县林业或相关机构部门预算予以保障。

在保护地支出责任主要由县级政府承担的同时，中央和省级财政又对国家级、省级保护地以专项转移支付的方式予以财政补助，而县级保护地则很难得到上级财政的转移支付收入，资金保障能力最为薄弱。表2-2以自然保护区为例，在图2-1的基础上更详细地揭示了中国四类自然保护区财政拨款和资金保障能力。

表 2-2 中国自然保护区财政拨款和资金保障能力

自然保护区类型	数量/个	预算级次	预算资金来源		资金保障能力
			本级预算拨款	上级财政专项拨款	
国家级	382	县级为主	中央专项转移支付为主	中直专项	强
省级	822	县级为主	省级专项转移支付为主	省直专项	较强
市级	406	县级为主	市级专项转移支付为主	市直专项	较弱
县级	1009	县级为主	县级政府预算拨款	无	弱

行政管理上的属地化，意味着自然保护地支出责任主要由县级政府承担，这违背了事权和支出责任相适应的原则，弱化了保护地的资金保障能力，严重地影响了资源保护管理目标的实现：①违背了支出责任与财政事权相适应的原则，导致了严重的责权利不对等。国家级自然保护地或国家公园，提供的是全国性、战略性自然生态保护基本公共服务，属中央财政事权，应由国家级保护地或国家公园管理机构代表中央政府直接履行并承担支出责任，同时，应大幅度减少中央事权委托地方执行的情况。但按目前的体制，国家级自然保护地或国家公园资源保护管理权由地方行使并由地方承担支出责任，保护的利益又不归地方享有。由此带来的问题是，地方在保护投入上明显缺乏积极性，并且如果保护效果不佳，很难区分是由于地方管理不力还是上级财政补助资金不足，导致无从问责；②保护地资金保障能力存在很大差异。中国政府间财力对比现状是，越是基层政府财力越紧张。市县级政府财力普遍匮乏，加之并不存在自然保护的内在激励，能够落实到位的保护资金常常捉襟见肘，多数保护地经常陷入人员缺编、经费不足的尴尬境地。即使在保障能力总体上相对较强的国家级和省级保护地，也有部分保护地存在着专项转移支付资金安排不到位，保障弱化的问题。如浙江长兴地质遗迹国家级自然保护区自 2004 年国务院批准升格为国家级自然保护区以来，事业经费未列入省财政预算，无正式在编工作人员，没有设立实体管理机构，只设立了管理委员会，有关工作全部交由旅游公司管理。国家级自然保护区尚且如此，由地方管理的省、市级自然保护区境况则更糟。有的保护地甚至没有独立的管理机构，由其他机构代管，相应保护资金和人员由代管机构安排。如浙江常山金钉子省级自然保护区无独立管理机构，由县旅游局代管；浙江诸暨东白山保护区由东白湖生态旅游管委会托管。这些代管或托管的保护区人员缺编、经费不足甚至无人员、无资金的问题相当普遍；③自然保护地上各类经济开发屡禁不止。受“重发展、轻保护”的错误发展观的影响，近年来中国保护地上各种水电、风电、矿产开发、旅游开发一哄而上，导致资源保护管理目标常常落空。2017 年 7 月，中

央对祁连山国家级自然保护区出现的保护不力、过度开发问题进行通报批评，并对相关责任单位和责任人进行了严肃问责。祁连山存在的上述问题在全国144个国家级自然保护区中尽管存在程度上的差异，但从整体上看应当具有普遍性。在其他2000多个省级和市县级自然保护区中，类似的问题应该更加突出；④存在着县级政府挪用上级专项转移支付资金的问题。县级政府背负着多种社会经济目标，一旦硬性的经济社会发展指标难以完成时，经常会产生挪用中央或省级自然保护专项转移支付资金的现象。这在主管部门“重分配、轻管理”，专项转移支付资金缺乏监管的情况下更容易发生。

国家公园体制建设改革的一项核心内容就是管理权上收，实行“省级政府垂直管理”，主要就是为了解决现有保护地因属地管理而导致的资金保障不足和资源保护不力的问题。“省级政府垂直管理”意味着，国家公园管理机构的人员和经费纳入省级部门预算，省财政予以保证。但从课题组调研情况看，除东北虎豹国家公园试点区被纳入国家林业局部门预算管理外，只有三江源和武夷山被明确纳入了省级部门预算管理，神农架明确提出仍然由神农架林区政府代管，钱江源和南山虽未明确提出，但在实践中依然由开化县和城步县代管。应当说，这个改革是不彻底的，由属地管理而导致的保护资金不足问题依然没有得到根本解决，支出责任和财政事权不适应的问题依然存在。

2.2.2 保护资金条条划拨影响了资金使用效率

中国的自然保护地体系是由行业主管部门依据相关行政法规或部门规章设立的，带有很强的部门管理色彩。对于国家级保护地，各中央部委在审批之初，即设置了各类专项转移资金，由中央部委划拨到省，再由各省对口厅局二次分配到保护地所在县市，用于国家级保护地管理机构的各项开支。同样，省级保护地也由省级行业主管部门设置了专项转移资金，分配到保护地所在的县市，用于省级保护地开支。可见，与现行保护地体系条条设置、条条管理相适应，中国保护资金的使用和管理上带有明显的条条划拨、条条管理色彩。仅在国家林业局，“十三五”规划就提出了“天然林资源保护工程”“新一轮退耕还林工程”“湿地保护与恢复工程”“濒危野生动植物抢救保护及自然保护区建设工程”“防沙治沙工程”等9项国家重大工程，其中大部分资金都将以专项转移支付的方式下拨到各类保护地。

这种以条条划拨、条条管理为特点的专项资金使用管理制度长期以来一直存在交叉重叠、缺乏统筹和使用效率低下的问题。同一块保护地常常得到来自各个部门划拨的专项保护资金，各部门的专项资金有不同的管理目标、管理办法和申报审批程序，甚至还因为部门利益存在相互冲突的管理目标，这不仅不利于项目资金的监督检查和绩效管理，更是割裂了自然生态系统的完整性，不利于实现保护管理目标。

国家公园体制建设改革的另一个核心内容，就是要解决保护地体系交叉重叠、多头管理问题，将原属各个部门管理的一些自然保护地整合到国家公园体系中，以形成统一、规范、高效的管理体制。应当说，统一、规范、高效的国家公园体制试点目标不仅是管理体制上的，也是对资金保障机制的要求。国家公园体制建设在整合保护管理机构的同时，必须将分散的、以条条管理为特征的专项资金进行整合，对来自各部门的目标接近的、资金投入方向类同、资金管理方式相近的项目予以整合，并严格控制自然保护方向或领域的专项数量，这是国家公园体制改革的应有之义。但从目前国家公园试点方案来看，试点国家公园在资金来源上依然是维持原有的渠道不变，保留了专项资金条条划拨、条条管理的做法，缺乏统筹和低效率的问题依然存在，这是国家公园体制建设试点改革不到位的地方。在实践中，由于试点国家公园与掌管专项资金分配的林业、住建、国土、水利等部门不存在行政隶属关系，在向各部门申请专项资金的时候常常感到底气不足，处于相当尴尬的境地。

2.2.3　保护和旅游“两张皮”强化了地方旅游开发动机

中国各类保护地因其自然资源禀赋通常都蕴含着不同程度的旅游开发价值，也就是说，自然保护地通常既有资源保护功能，也有旅游开发功能。事实上，围绕这两种功能，长期以来形成了两套不同的管理组织机构和资金管理结构。一方面，各级政府特别是中央和省级政府出于保护自然生态系统和文化自然遗产的目的，设立了不同级别的保护地管理机构；另一方面，各保护地所在市、县级政府在旅游开发的利益驱动下，普遍设立了旅游开发公司、旅游发展公司、旅游投资公司（以下简称“旅游开发公司”）。这样在机构设置上就形成了保护地管理机构负责保护、旅游投资公司负责旅游开发的格局。与此相适应，在资金来源和运用上也形成了“两张皮”：保护地管理机构资金主要依靠上级转移支付，旅游开发公司盈利归地方政府。

保护地管理机构专事资源保护，资金主要来源于财政拨款。其中，国家级和省级保护地资金主要来源于中央和省级财政的转移支付补助，而市县级保护地资金主要来源于市县财政的部门预算拨款。一些保护地还能从旅游开发公司的门票和特许经营收入中分享数量不等的收入用于资源保护。保护地的资金来源和运用情况前面已有分析，此处不再赘述。

旅游开发公司负责旅游开发，垄断了景区门票和特许经营收入，成为地方政府的“钱袋子”。在9个国家公园试点中，有6个国家公园范围内设立了“××旅游开发（发展）有限公司”，除钱江源旅游开发有限公司由民营企业出资外，大部分为地方国有独资企业。在拟申报第二批国家公园试点的安徽黄山，甚至还有以黄山市人民政府为主要出资人建立的上市公司。从职能上看，上述旅游开发公司负责旅游业务的运营，主要收入为景区门票收入，索道、游览车、旅游纪念品销售、饭店和住宿等特许经营收入；主要支出为景区设施设备投资和现有人员工资及社保、景区和游客管理支出等。地方政府按一定比例从旅游开发公司经营利润中收取国有资本经营收入，列入地方一般公共预算收入，用于保障和改善当地民生、推动地方经济社会发展、维持地方机构运转。从这个意义上讲，被冠以各类“旅游开发公司”名义的地方国有独资企业，实际上充当了地方政府的“钱袋子”。在保护地管理机构和旅游开发公司之间，地方政府无疑更偏爱后者。表2-3显示了9个国家公园试点区的旅游开发公司设置情况。

表2-3　试点国家公园范围内的旅游开发公司

试点国家公园	旅游开发公司	性质	出资人
神农架国家公园	湖北神农旅游投资集团有限公司	国有独资	神农架林区人民政府
钱江源国家公园	钱江源旅游开发有限公司	民营企业	湖北卓越集团
普达措国家公园	迪庆州旅游开发投资有限公司	国有独资	迪庆州人民政府
武夷山国家公园	武夷山旅游（集团）有限公司	国有独资	武夷山风景名胜区管委会
长城国家公园	北京市八达岭旅游总公司	国有独资	延庆县人民政府
南山国家公园	南山国际旅游发展有限公司	国有独资	城步苗族自治县人民政府

自然保护地资金管理上存在的保护和盈利“两张皮”的现象，既不利于实现资源保护目标，也不利于旅游质量的提升，带来三个方面的不满意：①不利于实现资源保护目标，中央不满意。受“重发展、轻保护”观念的影响，地方热衷于旅游开发，放手旅游开发公司在保护地范围内进行索道、停车场、观光电梯、玻璃栈道、滑雪场、滑草场、露营区等各种旅游基础设施建设，造成自然生态和自然文化遗产不同程度的破坏。与此相对应，保护地管理机构则处于一种被轻视被忽略的状态，所需要的保护资金主要依靠“等、靠、要”。地方政府种种重开发、轻保护的行为，违背了保护地设置的初衷，中央难以对此表示满意；②旅游产品和服务质次价高，游客不满意。一方面，旅游开发公司的门票和特许经营的管理权由地方行使，地方在门票、旅游产品和服务的提供上既有涨价的动力，也有涨价的权力；另一方面，通过降低旅游产品和服务的质量也可以维持旅

游开发公司较高的盈利水平。这可以解释多年来全国各风景名胜区掀起一轮又一轮的涨价潮，旅游产品和服务质量一直无法得到有效提升的深层次原因。目前，中国大多数国家级风景名胜区门票价格已经突破每张100元的水平，甚至达到200～300元的高价位，而美国黄石国家公园、大峡谷国家公园等代表性的国家公园门票则长期保持在每辆入园车辆25美元的低水平，体现出很强的全民公益性，加之较高的旅游服务质量和良好的旅游体验，吸引了大量的中国人赴美旅游，导致近年持续不断的海外旅游热潮。游客通过“用脚投票”的方式，对中国目前的景区管理体制和筹资方式提出了抗议；③旅游开发公司垄断经营，地方政府不满意。地方政府多将景区特许经营权整体打包赋予旅游开发公司，从而在事实上造成了后者的垄断经营格局。多数旅游开发公司处于一种“外无竞争压力，内无改进动力”的状态，成本居高不下，服务质量多年难以改进，经营效率低下、投资失利的情况普遍存在。尽管地方政府在对待保护管理机构和旅游开发公司的态度上更加偏爱后者，但无法对其存在的低效问题表示满意。

国家公园体制建设改革的又一个核心内容，就是将旅游开发公司的门票和特许经营的管理权和收益权纳入国家公园管理机构，以切断旅游开发公司向地方财政的“输血”通道，从根本上解决了地方政府对旅游经济的过度依赖，更好地实现了资源保护目标。但是，从课题组目前调研的情况看，表2-3提及纳入国家公园试点改革范围的6家旅游开发公司至今尚无一家将门票和特许经营管理权和收益权完全交由国家公园管理机构行使的，依然实行整体打包和垄断经营。从这个意义上讲，目前试点中的国家公园资金机制依然维持了保护和盈利“两张皮”的现状，上述三个问题尚未从根本上得到解决。

2.2.4 自然资源管理权分散行使强化了地方收入动机

自然资源有偿使用收入主要包括：专项收入（水电开发收取的水资源费收入、草原使用收取的草原植被恢复费收入、探矿权和采矿权价款收入等）、自然资源有偿使用收入（海域使用金收入、场地和矿区使用费收入等）、政府性基金收入（国有土地使用权出让收入等）。这些自然资源由于产权管理在地方各行业管理部门，相应的各种收入也由这些行业管理部门收取。如水资源费收入由水利部门收取，探矿权和采矿权价款、国有土地出让金由国土部门收取、海域使用金由海洋部门收取，草原植被恢复收入由农业部门收取等。上述非税收入由各个部门收取后，直接纳入地方公共预算，成为地方财政的重要收入来源。

出于追求收入的动机，掌管自然资源开发利用审批权和收益权的地方政府部门难以杜绝各种违法违规审批。在祁连山国家级自然保护区设置的144宗探矿权、采矿权中，有14宗是在2014年10月国务院明确保护区划界后违法违规审批延续的，涉及保护区核心区3宗、缓冲区4宗。保护区内还违规建有42座水电站。长期以来大规模的探矿、采矿活动和高强度的水电开发，造成保护区局部植被破坏、水土流失、地表塌陷，下游河段出现减水甚至断流现象，水生生态系统遭到严重破坏。而上述开发活动，全部都经过省国土资源厅、发改委、环保厅、林业厅的审查和验收，监管层层失守，不作为、乱作为现象触目惊心。

国家公园体制建设试点方案明确提出“将试点区内全民所有的自然资源资产委托由已经明确的管理机构负责保护和运营管理”，也就是要求将自然资源产权管理职能和收益权由各部门分散行使集中到国家公园统一行使，以解决地方对自然资源资产的过度使用和破坏性使用问题。但由于自然资源资产有偿使用收入是地方政府重要的“钱袋子”，反过来也阻碍了其产权的改革进程。从各国家公园试点实施方案来看，除东北虎豹国家公园管理机构成立了自然资源管理局，明确对自然资源资产实行统一管理外，尚无一家国家公园管理机构能明确规定通过产权改革将自然资源产权和收益权收归国家公园管理机构管理。由于不掌握自然资源开发的审批权、处罚权和收益权，国家公园管理机构既无力阻止对自然资源的破坏性开发，也无权从资产有偿使用收入中筹集部分资源保护资金，用于生态环境修复。

2.2.5　转移支付制度设计不合理

1.“委托代管”模式下的国家公园转移支付制度

“委托代管”模式下的转移支付，是解决自然保护地财政事权和支出责任不对应的一种制度安排。中央（省级）政府将应当由本级承担的自然保护地管理职责委托给省级（市县级）政府履行，委托方通过专项转移支付安排相应经费，以弥补受托方在国家公园保护管理上的成本支出，这是转移支付制度设计的初衷。长期以来，中国各类国家级自然保护地所在地地方政府均得到中央（省级）政府持续、稳定的保护专项转移支付资金。

从管理体制来看，这些自然保护类专项转移支付项目分别由各类自然保护地主管部门设计，资金分配权也都控制在主管部门手中。目前，中央政府承担自然保护职责的林业、环保、国土、住建、水利、农业等部门都设立了各类繁多、目标不一的自然保护专项转移支付项目，项目资金量近年也呈现出显著增长的态势。2016年，仅国家林业局安排的“天然林保护工程补助经费”和“中央财政林业补助资金”两个专项资金，规模就分别达到221.6亿元和418.36亿元，另外还安排了212.05亿元的“退耕还林财政专项资金”和数目不详的“林业生态保护恢复资金”①。农业部、水利部、国家海洋局、环保部都以各种名义安排了多至数百亿元少至数亿元的生态保护专项资金。除此之外，各省级政府也按不同的自然生态要素安排了数额不等的专项转移支付，用于弥补市（县）政府在国家级、省级自然保护地管理上的成本开支。

上述各类自然生态保护专项转移支付资金项目多、规模大、渠道分散，管理方面存在不少问题。①由于保护地层层叠加，上述专项资金存在着目标设置重复的问题，资金缺乏统筹，使用效率不高；②部分专项资金还要求地方配套，分散了地方财力，削弱了地方统筹资金的能力：③专项资金来源渠道多，管理和分配办法不一，增加了管理难度。转移支付管理漏洞较多，信息不够公开透明，部分专项资金甚至被挪用到其他领域；④重复设置专项资金，增加了绩效考核的难度，不利于开展绩效管理。

实行“委托代管”模式的国家公园试点区，依然沿袭了长期以来自然保护地专项转移支付资金管理和分配渠道，由中央（省级）政府将保护专项转移支付资金通过各主管部门拨付给省级（市县级）政府，用于弥补国家公园保护和管理成本。由于专项转移支付资金分配渠道不变，上述问题不会自动消失，并且还产生了新的问题。对于林业、环保、国土等中央（省级）行政部门而言，国家公园脱离了原自然保护地行政隶属关系，保护状况不纳入部门绩效考核体系，各部门有无动力继续维持转移支付规模存在很大的疑问。这也是目前试点区各地方政府最关心、最担心的问题。

2. “垂直管理”模式下的国家公园转移支付制度

“垂直管理”模式下，国家公园保护和管理经费由中央（省级）政府通过本级部门预算直接列支，这意味着对地方政府的自然保护专项转移支付资金数量将大幅减少，专项转移资金重复设置、效率低下的问题也将得到解决。

“垂直管理”模式下的国家公园转移支付制度，有着区别于以往自然保护地转移支付制度的政策含义。从政策目标看，国家公园转移支付制度主要是为了解决三个方面的问题：①少量国家公园中央（省级）事权委托地方履行，以及中央地方共同事权中中央

① 数据来源：财政部“中央对地方转移支付平台”公开信息。网址：http://www.mof.gov.cn/zhuantihuigu/cczqzyzfglbf/。

承担的部分委托地方履行，需要中央（省）通过专项转移支付安排相应的经费；②由于国家公园禁止开发政策影响到地方财政收入，导致地方政府满足基本公共服务的能力受到影响，需要通过一般性转移支付弥补地方“发展的机会成本”；③由于国家公园禁止开发政策影响到试点范围内和周边社区居民的发展机会，需要通过专项转移支付由中央（省）承担起部分产业引导、再就业培训等成本。

从现行实行“垂直管理”的国家公园转移支付制度来看，尚存在很多问题：①国家公园一般性转移支付比重小，均等化功能弱，稳定增长的机制尚未建立；②国家公园专项转移支付覆盖面窄、力度不够大，难以补偿地方政府的利益损失；③国家公园事权调整为垂直管理，但专项转移支付制度未做相应调整。国家公园各项支出已在中央（省）本级预算中列支，原来由各部门掌握的、用于各类自然保护地的专项转移支付资金理应进行清理归并；④横向转移支付实践仍处于探索过程中，实施效果还有待观察；⑤转移支付资金管理不规范，影响了资金使用的效率。

这些问题集中到一点，就是国家公园所在地的政府和居民的利益没有得到应有的补偿，影响到地方政府以及居民投入国家公园试点建设的积极性。这种状况的存在，对国家公园试点目标的实现构成了现实的威胁。

2.2.6　分散的财务管理体制导致国家公园保障能力差异

“省级垂直管理”和“省级直管委托市县代管”两种体制决定了试点国家公园在单位财务管理体制上“省级财政统筹”或“市县财政统筹”的特征。从全国来看，无论哪个级别的财政统筹，各个不同省份的国家公园的收支政策和标准都是由各省独立决定的，这就决定了各个国家公园资金保障能力的高低不均。

以省级财政统筹为例来加以说明。在省级财政统筹的情况下，影响各个国家公园财力水平的因素主要有：国家公园自有收入状况、省财政收入集中度和支出保障度、中央转移支付补助力度。

国家公园自有收入状况。各国家公园自有收入充裕度主要取决于旅游资源禀赋和收入政策。旅游资源禀赋好、交通便利，同时门票和特许经营定价较高的国家公园自有收入相对较高。由于全国各国家公园旅游资源禀赋差异很大，门票和特许经营定价权又分散由省级政府行使，定价有高有低，所以各试点国家公园自有收入状况存在很大差异。

按自有收入充裕度的差别，国家公园大致可分为三种，即充裕型、自保型、不足型。表 2-4 列出了三种不同类型的国家公园在自有收入保障方面的差别。

表 2-4　国家公园自有收入保障度

类型	旅游资源禀赋	交通便利度	门票、特许经营价格	典型国家公园
充裕型	好	较便利	高	普达措国家公园试点区
	好	便利	高	黄山国家公园试点区（筹建）
自保型	较好	较便利	高	神农架国家公园试点区
	较好	较便利	中	南山国家公园试点区
	较好	较便利	中	钱江源国家公园试点区
不足型	好	不便利	中	三江源国家公园试点区

省级财政收入集中度和支出保障度。在省级统筹的情况下，各国家公园自有收入有多大比重上缴省级财政（即省级财政集中度），省级财政对国家公园有多大的拨款力度，这都由各省自行决定。很显然，不同的省份由于财力状况的不同，以及对自然保护工作的重视程度不同，国家公园能够获得的资金力度存在很大差异。特别是在西部的省份，由于财力状况欠佳，发展压力大，很难对国家公园给予充足的资金保障。

中央转移支付补助力度。中央对国家公园所在省份一般性转移支付和专项转移支付补助力度越大，国家公园的资金保障程度就越高。这取决于中央可用于自然保护的财力水平，并且与转移支付制度设计有关。在现有专项转移支付由各中央主管部委安排的情况下，由于中央各部委在中央预算总盘子中得到的切块份额不同，能够转移支付到各国家公园所在省份的资金量也存在很大差异。同时，财政部和中央各部委在设计国家公园一般转移支付制度和专项转移支付制度时，能否综合考虑各省在国家公园试点区面积、产业发展受限对财力的影响和贫困情况等因素进行科学的分档分类测算，也决定了各试点省份能得到的中央转移支付资金量。

总的来看，上述 3 个因素不仅在各省之间存在着差异，而且还经常处于变动状态，在各预算年度间并不能保持稳定。除开自然禀赋、中央转移支付数额等不由各省决定的因素外，各省在采取什么样的国家公园单位财务体制问题上起到了决定性的作用。这意味着，省级统筹会导致各省国家公园的资金保障力度存在很大差异，出现部分国家公园保障充足、部分保障程度低的问题，影响到国家公园总体目标的实现。

2.3 构建统一、规范、高效的国家公园资金保障机制

2.3.1 国家公园收支纳入省级预算统筹

在纵向财政事权划分上，国家公园试点单位必须坚持省级政府垂直管理，以解决属地管理而导致的保护职能弱化问题。在单位管理体制的构建上可考虑采取两种方式，一种是将国家公园试点单位作为省人民政府直属事业单位，或者交由省发改委、省政府办公厅等综合管理部门代管。在试点时期，不宜采取由环保、林业、国土等专业管理部门代管方式，以避免由于部门争权而产生协调难题；二是考虑到未来国家公园增设的趋势，也可探索在省级人民政府建立国家公园管理局，将国家公园试点单位作其直属二级单位进行管理。应结合事业单位改革要求，明确将具有全民公益性质的国家公园试点单位划为公益一类事业单位，由省、自治区、直辖市机构编制委员会办公室明确其机构性质、职能和编制。目前，应着重纠正部分国家公园试点单位名义上由省级政府垂直管理，但实际上仍然实行市县代管的问题。这是国家公园体制建设改革的根本要求，不应允许在实践中有所变通。

“按谁的财政事权谁承担支出责任”的原则，与省级政府垂直管理的单位管理体制相适应，国家公园的支出责任应由省级财政承担，以实现省级管理上的权、责、利的统一。国家公园试点单位应按省级部门预算管理要求，将门票和特许经营收入等上缴省级财政，各项支出由省级财政统筹安排，并编制省级部门预算，报省人大批准后执行。在成立省级国家公园管理局的省份，国家公园试点单位应编制单位预算，作为省级国家公园管理局部门预算的组成部分，报省人大批准后执行。

从未来发展来看，国家公园宜上划为中央财政事权，由中央承担起相应的支出责任。本质上讲，省级管理也是属地管理。祁连山国家级自然保护区生态环境遭受严重破坏的事实表明，省级政府也不一定能够把握局部和全部利益，正确处理好保护和发展的关系。国家公园提供的是全国性战略性的自然生态保护基本公共服务，按事权划分原则理应上划为中央事权，由中央承担起支出责任。为此，在机构设置上应考虑建立中央政府所属的国家公园管理局，负责全国范围内的国家公园管理事务。与此相适应，国家公园管理机构的支出应纳入中央预算，由国家公园管理局汇总编制部门预算，承担起国家公园投

入主体的责任，实现中央管理层面的权、责、利统一。

2.3.2　国家公园管理机构统一试点范围内收入和支出

统一收入。国家公园成立后，应将目前由试点区内各部门、各企事业单位分散收取的收入集中由国家公园统一收取，作为政府非税收入，全额上缴省级国库，纳入省级预算管理。未来中央层面国家公园管理机构成立后，国家公园统一收取的各类非税收入应上缴中央国库，纳入中央预算进行管理。①统一门票和特许经营收入。将门票和特许经营管理权收归国家公园管理机构，取消旅游开发公司门票和特许经营收费权，由国家公园管理机构统一收取和管理；②统一国有自然资源资产有偿使用收入。将试点区内全民所有的自然资源资产管理权和收益权收归国家公园，取消各部门自然资源资产管理权和收益权。试点区内现有的水电、风电、矿山等各种经济开发项目，经环评可以保留的，其水电开发收入、探矿权采矿权收入均应由国家公园统一收取管理；③统一捐赠和生态环境损害赔偿收入。国家公园成立后，原各类保护地管理机构独立设置的各类保护基金应划归国家公园管理机构统一管理，除经国家公园管理机构授权，其他任何单位和个人不得以国家公园的名义募集私人资金或争取国内外环境友好团队和自然保护基金支持。建立生态环境赔偿制度，国家公园所在地省级人民政府作为本行政区域内生态环境损害赔偿权利人，可指定国家公园管理机构负责所辖范围内生态环境损害赔偿工作，由国家公园管理机构收取赔偿资金并组织生态环境损害的修复。

健全国家公园非税收入分成制度。为兼顾各级政府利益，应当分项目确定国家公园非税收入在各级政府之间的分成比例。国家公园非税收入，涉及中央与地方分成的，分成比例由国务院或者财政规定，涉及省级与市（县）级分成的，分成比例由国家公园所在地省级政府或其财政部门规定。在试点期，可采取稳妥的办法，维持原非税收入的分成比例不变。试点期结束后，应当按照事权与支出责任相适应的原则，重新调整各项非税收入分成比例。

统一支出。国家公园管理机构成立后，原由各部门、各单位分别行使的保护、游憩管理职能应划归国家公园管理机构统一行使，并由国家公园管理机构统一安排相关支出。①统一安排游憩管理支出。原由旅游开发公司安排的游憩管理支出，包括旅游设施设备投资和维护费、景区管理费、游客管理费等一律纳入国家公园预算，由国家公园管理机构安排相关支出；②统一安排资源保护管理支出。原由各保护地管理机构安排的各类保护支出，包括管护费、生态移民搬迁费、环境修复费等一律纳入国家公园预算，由国家公园管理机构负责支出；③统一安排对企业、居民的补偿和引导支出。这是指属于国家公园直接行使的财政事权，宜由国家公园管理机构直接安排到试点区及周边企业和社区居民的支出，如水电风电关停补偿、矿山关停补偿、退耕还林补偿、退牧还草补偿、发展生态农业和生态畜牧业的引导补偿等。表 2-5 列出了统一收支后国家公园主要收支项目名称。

表 2-5　国家公园收支项目

收　入	支　出
1. 财政拨款	1. 自然生态保护支出
经费拨款	管护支出
专项转移支付补助	生态保护设施设备投资和维护
2. 事业收入	环境修复
门票	生态移民搬迁
特许经营收入	2. 游憩管理支出
3. 国有自然资源（资产）有偿使用收入	旅游设施设备投资和维护
4. 其他收入	景区管理
慈善和捐赠	游客管理
生态环境损害赔偿	3. 对企业、居民的补偿和引导支出
	电力、矿山关停补偿
	退耕（牧）还林（草）补偿
	发展生态农业（畜牧业）引导补偿
	4. 宣教支出
	5. 科研支出

2.3.3　重构国家公园转移支付制度

国家公园转移支付体系的重构，必须建立在解决国家公园事权和支出责任划分不合理的基础上。在国家公园事权划分上回归“垂直管理”体制，在支出责任上由中央本级支出安排，在转移支付制度上建立与国家公园事权与支出责任相匹配的，以均衡地方政府基本财力、由地方政府统筹安排使用的一般性转移支付为主体，一般性转移支付和自然保护专项转移支付相结合的转移支付制度，应该是国家公园转移支付体系改革的逻辑结论。图 2-2 给出了国家公园事权、支出责任划分和转移支付制度三者之间的逻辑关系和匹配关系。

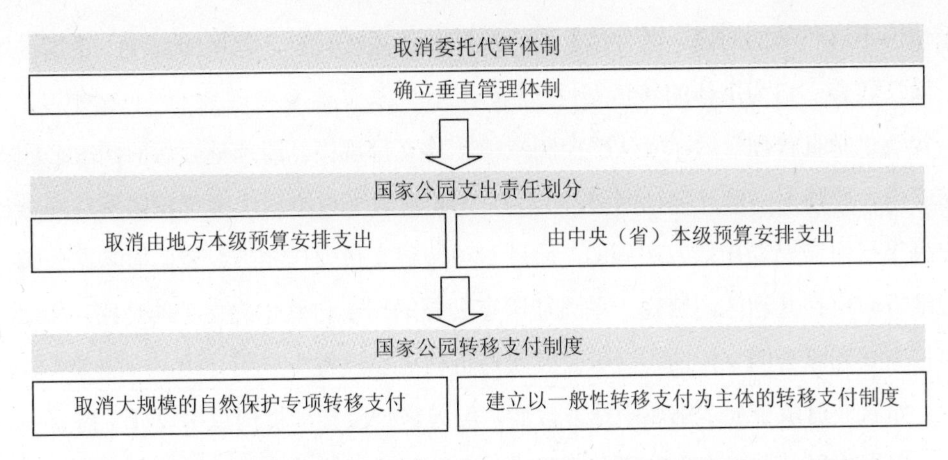

图 2-2　国家公园事权划分、支出责任划分、转移支付制度逻辑关系与匹配关系

一是清理整合与国家公园财政事权划分不相匹配的中央（省）对地方专项转移支付。在现阶段，不论是实行“垂直管理”还是“委托代管”的试点区，都需要对分散在各部门的用于自然保护地的专项转移支付资金进行清理、盘点、归并和整合，整合后的资金应列入中央（省）本级国家公园预算支出（适用于“垂直管理”的国家公园），或者是由省财政打包后一并转移支付给地方政府（适用于仍然延续“委托管理”的国家公园），以解决现有保护资金条条管理、条条划拨、缺乏统筹和效率不高的问题。

二是优化转移支付结构，从严控制专项转移支付规模。专项转移支付资金清理整合后，实行“垂直管理”和“委托代管”两种体制的试点区转移支付资金结构将会出现差异：①“垂直管理”体制下将会出现一般性转移为主、专项转移为辅的转移支付结构。中央（省）通过各试点国家公园直接履行资源保护、游憩管理等财政事权和支出责任，因此归并整合后的各类专项资金原则上应调整列入中央（省）本级国家公园预算支出。这意味着中央（省）拨付给地方的、用以弥补“委托代管”体制下地方在保护成本方面开支的各类专项转移支付的数量将大大减少，形成以均衡地方基本财力、由地方政府统筹安排使用的一般性转移支付为主体的转移支付结构；②“委托代理”体制下将会出现专项转移为主、一般性转移支付为辅的转移支付结构。由于地方受托承担了大量的国家公园保护支出成本，中央（省）对地方的转移支付中相当大的比重将会用于弥补这部分成本支出，转移支付将呈现以专项转移支付为主的结构。

应该说，以专项转移为主并不符合优化转移支付结构的要求，也与国家公园财政事权和支出责任划分不匹配、不协调。以一般性转移支付为主体构建国家公园转移支付制度，可以增加地方政府统筹安排使用财政资金的能力，减少专项转移支付涉及部门多、分配使用不够科学的问题。条件成熟时，应随着“委托代管”问题的解决，逐步过渡到以一般性转移支付为主体的转移支付结构。

实现“垂直管理”后，应从严控制专项转移支付规模。清理整合后的国家公园专项转移支出，原则上应该只包括两类：①国家公园财政事权中属中央事权或属共同事权中的中央事权但需要委托地方实施的，通过专项转移支付安排相应经费。如国家公园委托周边地方政府在其辖区内修建一条通往国家公园的用于自然生态保护的公路；②地方财政事权需要国家公园支持的，国家公园管理机构可以设置少量引导类、应急类、救济类专项。如农业财政事权本来属于地方政府，但国家公园管理机构也可设计生态农业示范专项，引导农民开展生态农业示范点建设；又如野生动物肇事补偿，可由中央或省财政安排专项转移支付资金到县乡政府，由县乡政府赔偿到受灾农户。但如果每年发生的件数不多，也可由国家公园管理机构直接赔偿给受灾农户，相关支出纳入国家公园预算。究竟采取哪种赔偿方式，主要是看信息的复杂程度，如果信息复杂程度不高，则宜由国家公园管理机构直接赔付，以避免因专项转移资金管理不善而导致赔偿金无法正常足额发放的问题。

三是完善国家公园一般性转移支付制度，建立一般性转移支付稳定增长机制。国家公园成立后，将会对所在地市县财政产生重大影响，这主要是由于限制和禁止开发所导致的地方税收和非税收入的减少，以及由于更加严格的资源保护所导致的就业问题和经济转型问题需要消耗更多的地方财力。为调动地方政府积极性，更好地实现国家公园保护管理目标，需要通过对市县财政的一般性转移支付弥补地方财政的这部分损失。不论是在现阶段的“省级垂直管理”还是未来的“中央垂直管理”，国家公园体制设计者必须将所在地地方政府和居民视为重要利益相关方，重视他们的利益关切，加大以均衡地区间基本财力为重点的一般性转移支付力度，建立规范、稳定的收入预期，以增加地方政府和居民对国家公园试点目标的认同，消除其疑虑和抵制。事实上，国家公园体制建设改革从最开始是有意无意忽视这一点的。从 2015 年 13 部委共同发布的《建立国家公园体制试点方案》对当地政府和居民的补偿只字不提，到 2017 年中办、国办印发《建立国家公园体制总体方案》在第十八点明确提出“健全生态保护补偿制度”，可以看出在国家公园体制建设改革已经有了明显的进步。今后很长一段时期，围绕如何健全生态保护补偿制度，进一步推动国家公园一般性转移支付制度改革，将成为中央及所有试点省份需要考虑的重大问题。

中央（省）财政要将地方政府由于国家公园试点带来的减收增支情况作为一般性转

移支付测算的重要因素，切实保证地方政府和居民在国家公园试点中的利益。总体而言，国家公园一般性转移支付制度体系应包括三个方面的内容：①提升县级政府基本公共服务能力的转移支付补偿。按标准财政收支缺口并考虑补助系数进行测算，主要解决因国家公园更加严格的资源保护管理措施对地方政府基本功能服务能力产生的影响。其中，标准财政收支缺口参照均衡性转移支付测算办法，结合国家公园管理机构与县级政府生态保护财政事权和支出责任划分，将各县减收增支情况作为转移支付测算的重要因素，补助系数根据标准财政收支缺口情况、国家公园面积、产业发展受限对财力的影响情况和贫困情况等因素分档分类测算；②改善居民基本生产生活条件方面的转移支付补偿，主要解决因国家公园更加严格的资源保护管理措施对当地居民基本生产生活带来的影响。包括调整完善居民最低生活保障、生态移民基本生活保障、居民新型社会养老保险、居民基本生活燃料费、医疗费、劳务输出及劳动技能培训、扶持后续产业发展等转移支付项目。各县得到的转移支付补偿额可由上述若干具体补偿项目的补偿额加总得出；③绩效奖励。根据各县生态补偿政策落实情况及生态环境质量考核结果来确定，对及时足额落实各项生态补偿政策，且生态环境质量得到明显改善，生态环境质量监测与评估工作成效突出的，适当增加转移支付补助。图 2-3 给出了国家公园转移支付体系结构图。

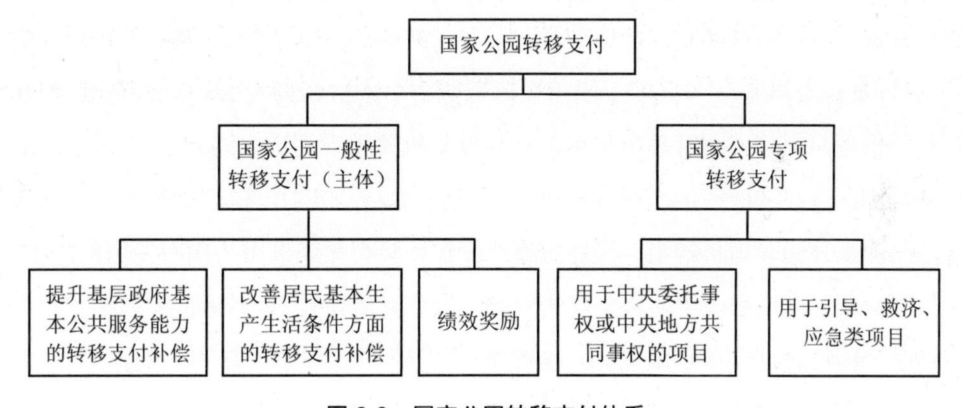

图 2-3　国家公园转移支付体系

以生态保护为主要职责的国家公园所在地地方政府和居民，应享有与其他非重点生态功能区地方政府和居民一样的发展权，这需要通过建立国家公园一般性转移支付稳定增长机制来实现。各级政府国家公园一般性转移支付规模应与本级政府经济增长和财政增速保持一定比例，政府预算内投资对国家公园内的基础设施和基本公共服务设施建设应予以倾斜。

2.3.4　改组改造国家公园范围内的旅游开发公司

从课题组调研的情况看，只要旅游开发公司掌握了旅游资产和门票、特许经营管理权和收益权，国家公园保护和盈利“两张皮”的问题就不可能得到很好的解决。国家公园体制建设改革的一个核心问题，就是要对各类旅游开发公司进行彻底的改组改造，切断其向地方财政的“输血”通道，从根本上解决地方政府对旅游经济的过度依赖，以更好地实现保护目标。

目前，旅游开发公司多为地方国有独资企业，除垄断经营国家公园的旅游业务外，可能还存在着地产、金融、对外旅游投资等业务。旅游开发公司的改组改造，应包括以下几个方面的内容：①业务范围的调整。将旅游开发公司经营的国家公园范围内的门票、索道、酒店、游览车、滑雪场等与旅游相关的业务整体移交给国家公园管理机构，由国家公园管理机构通过特许经营招标的方式选择最合适的企业负责经营管理，收取的特许经营许可费等相关收入和支出纳入国家公园预算规模管理；②资产和负债的划转。将旅游开发公司在国家公园范围内的旅游资产划归国家公园管理机构，负债由国家公园管理机构继承，还本付息支出由国家公园预算列支。由于资产划转涉及县市国有资产转换为省级国有资产，省财政应对此加以考虑；③公司的改制。对于业务范围单一（仅限于旅游）、业务覆盖地域不广（仅限于国家公园范围内）的旅游开发公司，在资产、负债、主营业务都划归国家公园管理机构后，可到登记机关申请注销，终止公司法人资格。对于业务范围广且存在着跨地区投资的旅游开发公司，在把与国家公园旅游相关的资产、业务划归国家公园管理机构后，其余的部分可实行私有化或改组为国有专门的旅游管理公司、投资公司。这类公司以轻资产为特征，发挥其旅游投资和管理的专长，可以继续参与国家公园特许经营项目的竞标，也可参与其他省内外旅游投资和管理项目；④公司运营模式的调整。改组改造后的旅游开发公司，将失去其国家公园旅游业务的整体垄断经营地位，虽然可以继续参与国家公园酒店、索道等项目的竞标，但必须面临其他经营主体的竞争，依靠优质的服务和良好的管理水平获得经营合同；⑤公司人员的安置。国家公园的成立和旅游开发公司的改制并不会导致旅游管理和服务工作岗位的显著减少，这意味着人员安置不会存在太多的压力。酒店、索道等特许经营项目不管谁来经营，除少数高层管理人员外，都需要在当地招收熟练的一般管理人员和服务人员。国家公园在特许经营合同中可以明确要求特许经营商应招收一定比例（如80%～90%）的原职工，并规定在一定年限内（如2～3年）不得解聘。

少数旅游开发公司可能为股份公司甚至是上市公司，在改组改造时因涉及的利益关系更为复杂，需要更加细致地设计公司改革方案，以免导致多方反对而使改革难以推进。

2.3.5　构建多渠道、多元化的国家公园资金投入机制

强调国家公园的政府投入责任，并不排斥社会资本参与国家公园投资和运营。相反，国家公园和社会资本合作模式有利于充分发挥市场机制作用，提升国家公园在资源保护、游憩等公共服务供给上的质量和效率，实现公共利益的最大化。

PPP（Public-Private Partnership）模式是社会资本参与公共产品和公共服务项目投资运营的一种制度。国家公园引入 PPP 模式，就是由国家公园管理机构通过竞争性方式选择具有相关领域投资、运营管理能力的社会资本，双方按照平等协调原则订立合同，明确责权利关系，由社会资金提供自然保护、游憩管理等公共服务，国家公园依据公共服务绩效评价结果向社会资金支付相应对价，保证社会资本获得合理收益。国家公园和社会资本的这种合作关系有三个方面的特征：①伙伴关系。通过合同约定，对双方的权利、义务、风险分担、利益分配等加以明确，实现平等合作，互利共赢；②利益共享。国家公园 PPP 项目是公益性项目，不以利润最大化为目的。通过合作，双方按合同获取相应的利益。从国家公园方面来说，主要是取得项目的环境效益和旅游服务效益。从社会资本来说，主要是取得相对稳定的投资回报，即经济利益。由于是公共产品和服务项目，国家公园要对社会资本可能产生的高额利润进行控制，即不允许企业在项目执行过程中形成超额利润，更不允许企业将原来的旅游开发盈利模式带入国家公园；③风险分担。PPP 管理模式中，要考虑双方风险的最优应对、最佳分担，将整体风险最小化。一般而言，国家公园管理机构应承担项目的法律、政策和最低需求等风险，而项目设计、建造、财务和运营维护等商业风险由社会资本承担。

国家公园 PPP 项目既可以涵盖旅游设施设备的投资和运营，也可以涵盖生态保护设施设备的投资和运营，也可以延伸到园区范围内及周边社区的产业发展、就业培训和扶贫等。按项目潜在的收益回报能力，国家公园 PPP 项目大致可分为高回报、中等回报、低回报、无回报四类。表 2-6 对这四类 PPP 项目的财务可持续性以及国家公园所应提供的保障进行了对比。

表 2-6　国家公园 PPP 项目的回报能力、财务可持续性和资金保障比较

项目收益回报能力	项目范围和实施内容	项目财务可持续性	项目回报机制	国家公园财政保障
高回报	旅游设施设备的投资和运营	项目自身的收入能够覆盖所有的支出并实现基本的回报要求，并且还能为国家公园提供现金流	使用者付费	无须国家公园预算安排补贴资金或捆绑其他权益，并且国家公园还可以向 SPV 公司收取特许经营费
	旅游纪念品开发、设计、投资和运营			
中等回报	田园综合体①	项目自身的收入能够覆盖所有的支出并实现基本的回报要求，但无法为国家公园提供额外的现金流	使用者付费	无须国家公园预算安排补贴资金或捆绑其他权益
低回报	社区居民就业引导和培训	项目自身的收入不能覆盖所有的支出	可行性缺口补助	国家公园通过预算补贴差额或捆绑其他权益
无回报	生态保护设施设备的投资和运营	项目自身无收入	政府付费	国家公园通过预算承担项目全生命周期过程的支出责任（包括股权投资、运营补贴、风险承担、配套投入等），或者捆绑其他权益

注：①田园综合体是集现代农业、休闲旅游、田园社区为一体的特色小镇和乡村综合发展模式，是当前乡村发展新型产业的亮点。

SPV（Special Purpose Vehicle）公司或项目公司是国家公园与社会资金合作的载体。从公司的性质看，它既是一个项目投融资平台，也是一个项目运营管理平台，负责国家公园保护、游憩、教育、研究项目的投资、运营管理，接受国家公园管理机构的监督和管理。从股权结构上看，SPV 公司可以完全由社会资本投资（可以是一家或多家企业联合体，也可引入提供核心服务功能之外的建筑商、金融企业的参与），也可以由国家公园和社会资本共同投资。由于不同股东在专业化、短期利益或长期战略上存在着差异，因而不同的股权结构影响到项目的运作效率。根据特许经营项目融资和股权结构理论，国家公园应当按照项目的不同性质，优化股权结构设计，充分发挥股东各自优势，提高项目实施效率，甚至可以采取分阶段的股权结构设计，以提高项目对投资者的吸引力。

从资金机制上看，PPP 项目成功的关键是要设计合理的收益回报和保障机制。对于社会资本而言，最重要的是要保证项目的财务可持续性，为此需要对项目现金流进行预测和测算分析，以判断项目自身的收入能否覆盖所有的支出并实现基本的回报要求，否则就需要国家公园补贴或捆绑其他权益的方式使得项目现金流达到预期水平；对国家公园管理机构来说，则需要开展承受能力论证，对项目全生命周期过程的支出责任（包括

股权投资、运营补贴、风险承担、配套投入等）进行测算，并控制在国家公园预算可以承担的范围之内。对于采用使用者付费的 PPP 项目，确定一个什么样的价格水平尤其重要。价格高有可能带给社会资本高额利润，违背国家公园全民公益的性质；价格低则可能使社会资本得不到基本的回报，加重国家公园财政负担。应当在合理确定项目运营成本的基础上，综合考虑收费水平对各方产生的影响，确定合理的收费价格。

国家公园 PPP 项目应当与当地扶贫工作结合起来，实现由“补贴扶贫”向“PPP 脱贫”的转变。按国家公园管理机构与地方政府事权划分原则，乡村产业发展和扶贫主要属地方事权，但国家公园管理机构对于乡村产业发展也有管制和引导的职责，可以安排一定的社区发展引导基金，与地方扶贫资金进行整合，打包形成市场化运作的 PPP 母基金，选择技术扎实、经营稳健、管理规范、信誉良好的社会资本合作，外引“真金白银”，内联“绿水青山”，推动传统利用区发展生态旅游业、生态农业、生态畜牧业、生态渔业。对特色鲜明、区位较好、交通便利的大村落，以文化传承为依托，推进 PPP 模式发展“田园综合体”，打造“农业+旅游+社区”运作模式，从单纯农产品消费转向休闲度假消费，从传统住宅投资转向康养社区投资，最终实现社区发展、农（牧）民脱贫、生态保护的多赢目标。

2.3.6　建立统收统支的国家公园部门财务管理体制

省级统筹情况下，国家公园资金保障程度在各省之间存在很大差异，导致各国家公园履行自然生态保护职责的能力高低有别。这种状况在“省级垂直管理”和“省级统筹资金”的单位体制和财务体制下不可能得到根本解决。

在中央层面的国家公园管理局成立后，采取什么样的部门财务管理体制就成为一个重要的问题。可以选择的方案有两种：一种是各国家公园自收自支的部门财务管理体制；另一种是中央层面国家公园管理局统收统支的部门财务管理体制。

（1）各国家公园自收自支的部门财务管理体制

这种体制赋予各国家公园财务管理上较大自主权。其特征为：在核定国家公园运营成本的基础上，对门票和特许经营价格实行公共定价；国家公园管理机构可以采取除定价外的各种增加收入的措施（如通过改善旅游服务质量吸引更多的游客、通过改进旅游产品设计和服务品质取得更多的特许经营收入、通过更积极更有效的手段吸引社会投入、通过法律手段的运用取得环境损害赔偿收入）；国家公园的门票和特许经营等自有收入大部分留用。自有收入越多，可安排的支出也越多；国家公园有较大的自主权安排资源保护和游憩管理等各类支出；员工的基本工资遵循当地基本工资标准，绩效工资与国家公园管理机构自有收入水平挂钩；中央层面国家公园管理局只集中一小部分自有收入，用于补贴收不抵支的国家公园，补贴不足的部分由中央财政预算安排。目前，南非国家公园采取的就是这种自收自支的财务体制。

图 2-4 从收入管理和支出管理两个方面对自收自支财务管理体制的特征进行了归纳。

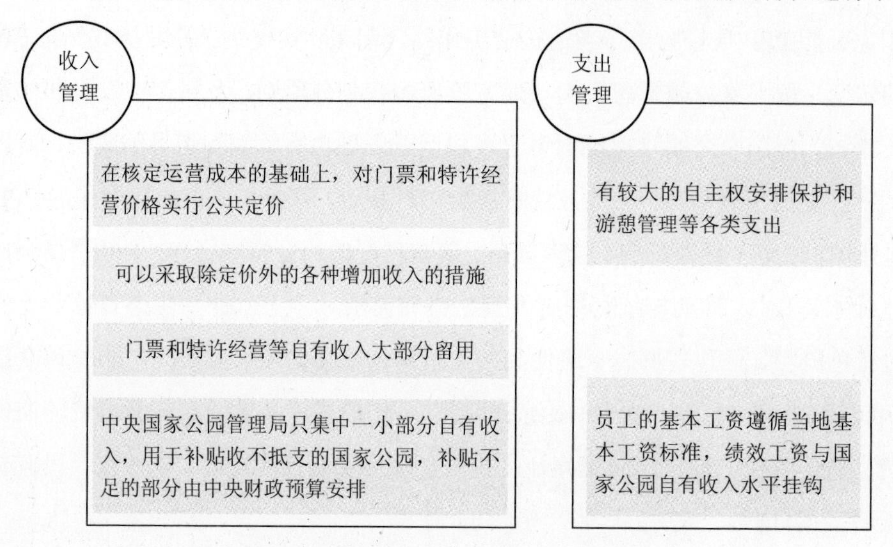

图 2-4　自收自支的部门财务管理体制特征

这种体制的实质，是将国家公园视为公益二类事业单位，允许其在一定程度上运用市场机制，赋予其更多的自主权，要求其承担更多的发展责任，最终实现各国家公园的“自我管理”和“自我发展”。其优势在于，各国家公园有财务上的充分自主权、有收入上的激励和自我发展的动力，这种自主权和激励对于优良的管理是不可或缺的。但这种体制也有明显的缺陷，一是各国家公园在资金保障上苦乐不均，保护力度大小不一。自有收入高的国家公园，留用的资金多，保护力度就大。反之则小；二是激励公园创收可能导致偏离“保护第一、全民公益”的试点目标；三是自我管理和自我发展的结果，可能是有些国家公园最终难以为继。

（2）中央层面国家公园统收统支的部门财务管理体制

统收统支体制下，各国家公园享有的财务管理自主权很小。其特征为：国家公园门票定价权上收到中央，由国家发改委价格司按政府定价的规则和程序确定。国家公园特许经营价格按“成本补偿”原则由各国家公园自行决定，接受物价部门和中央国家公园管理局的监督；所有的国家公园门票执行统一的价格体系和标准。可以根据国家旅游局按旅游景区质量等级划分标准确定的景区级别实行分档定价，以保证国民从国家公园享受到的风景资源与所支付的门票保持一致；国家公园全部非税收入上缴中央国库，并实行收入分成制度。各个国家公园的自有收入（包括门票、特许经营、自然资源有偿使用收入、捐赠收入等）全额上缴至中央层面的国家公园管理局在中央国库设立的账户，并由财政部按照确定好的分成比例分级划解到省和市县。国家公园管理机构非税收入分成比例由国务院或者财政部规定；中央层面的国家公园管理局在考虑地区差别的基础上按统一标准安排各国家公园基本工资，绩效工资依据各个国家公园完成目标任务的情况加以确定；中央层面的国家公园管理局在考虑国家公园类型、各地物价水平的基础上按统一的日常公用经费标准安排各国家公园的日常公用经费；中央国家公园管理局建立部门项目库，各国家公园按轻重缓急申报入库项目，由总局进行评估后纳入项目库并安排项目经费。图 2-5 从收入管理和支出管理两个方面对统收统支财务管理体制的特征进行了归纳。

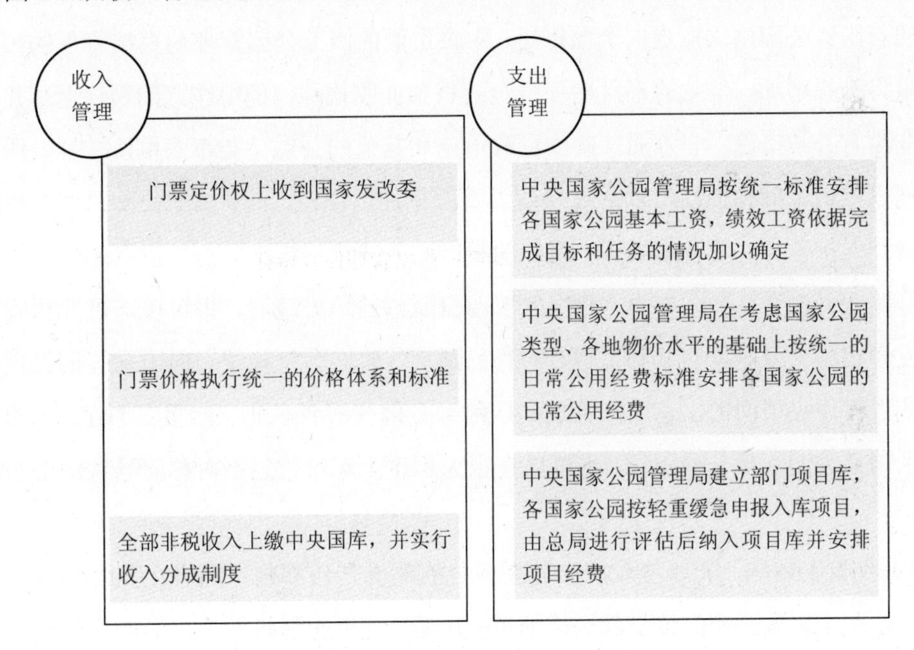

图 2-5　统收统支的部门财务管理体制特征

统收统支体制的实质，是将国家公园视为公益一类事业单位，全部收入上缴国库，全部支出由中央层面的国家公园管理局安排，国家公园管理机构成为单纯依赖财政拨款、以实现公共利益为目标的非营利性公共组织。从收入上看，考虑到不同国家公园自有收入能力不同，各国家公园上缴中央国库的资金量存在很大差别，自有收入能力越高的国家公园上缴中央国库资金越多；从支出上看，各国家公园获得的财政拨款完全是为了满足其行使保护职能的需要，是在综合考虑国家公园面积、类型、保护的急迫性等因素的基础上加以确定的。可能存在的状况是，一个国家公园上缴的自有收入少但获得的财政拨款多（如三江源国家公园试点区），而另一个国家公园上缴的自有收入多但获得的财政拨款少（如筹建中的黄山国家公园试点区）。从这个意义上讲，统收统支财务管理体制的实质是削高补低，以实现全国范围内国家公园总收支的大体平衡。

统收统支体制的好处是，实现了各国家公园资金的平衡保障、有效地解决了门票涨价问题、更有利于实现国家公园公益目标。其缺点主要有三个，一是国家公园管理机构没有自主权，员工积极性受到影响。比如，捐赠收入需要花大力气来组织、宣传，如果全部上缴至国库且实行收支两条线管理，国家公园是没有动力去做好这件事的；二是对于视风景资源为地方所有的地方政府来说，这种削高补低的财务体制损害了风景资源禀赋好的地方财政利益，这些地方的国家公园管理工作难以得到地方政府的理解和支持；三是随着国家公园由试点走向全面推进，中央层面的国家公园管理局直接管理的预算单位数量将大幅增加，信息的不对称使资金的拨付面临挑战。值得注意的是，上述几个缺点并非没有补救措施。一方面，就像行政单位和其他的公益一类事业单位一样，国家公园管理机构员工的积极性可以通过绩效工资改革加以保证。一个国家公园只要很好地完成了资源保护任务、使游客满意、组织的捐赠收入多，其员工应得到更高的绩效工资以及更好的晋升机会；另一方面，对风景资源禀赋好的地方政府，也可以通过非税收入分成制度和转移支付制度对其利益进行补偿；最后，建立和完善统一的国家公园管理信息系统或者将中央层面的国家公园管理局职能部分地分解到东北、西北、华北、华南等几个大区国家公园管理分局履行，也可以在很大程度上解决信息不对称而导致的资金拨付难题。

“自收自支体制”和“统收统支体制”各有利弊，该如何在两者之间做出选择？问题的核心在于国家公园应该是什么样的单位性质。课题组通过两个层面的比较为决策者提供几种情境决策选择：

第一，国家公园是行政单位还是事业单位？行政单位宜实行统收统支体制，事业单位则可实行自收自支体制。支持将国家公园管理机构划为行政单位的理由主要有两个：一是国家公园承担了综合执法职能，只有将其划入国家行政机关的序列才能满足综合执法的需要；二是国外有将国家公园划为国家行政机构的先例。在美国，全国各国家公园管理机构（国家公园单元，the units of the national park system）都隶属于内政部下的国家公园管理局，属联邦政府直属机构。具体到中国，则需要考虑以下几个因素：一是中国各类自然保护地历史上都划为事业单位而非行政单位。如果将国家公园划为行政机构，那么同样行使自然保护职能的其他自然保护地管理机构（包括各级各类自然保护区、森林公园、地质公园等）是不是都要划为行政机构，纳入从中央到地方各级政府机构编制进行管理？这将导致中国政府机构的急剧膨胀，不仅违背了中国政府改革的方向，也恐非决策者所乐见。从这个意义上讲，国家公园的单位性质应放在整个保护地管理机构的性质中进行考虑，国家公园改革不宜孤立进行；二是行政单位和事业单位的性质区别。按《事业单位登记管理暂行条例》规定，事业单位是国家为了社会公益目的，由国家机关举办或者其他组织利用国有资产举办的，从事教育、科技、文化、卫生等活动的社会服务组织。事业单位与行政单位的根本区别在于，事业单位负责具体从事某项公共服务的生产，而行政单位不具体从事公共服务的生产，其主要职能是对相关行业（包括对本行政机关举办的事业单位）实施管理，管理手段主要为制定规划、政策、制度、标准，以及组织指导、监督、考评和奖惩，这与事业单位活动有着明显的区别。全国各个国家公园是国家为了社会公益目的，由中央国家公园管理机构（性质为行政机关）举办的，具体从事全国性、战略性自然保护基本公共服务生产的社会服务组织，从性质上理应划为事业单位序列，接受主管政府部门的管理。由此，形成了未来国家公园管理机构两种单位性质：中央国家公园管理机构为中央国家机关[①]，属行政单位性质；全国各个国家公园管理机构为事业单位性质，接受中央国家公园管理机构的领导和管理[②]；三是国家公园管理机构的行政处罚权问题。根据《中华人民共和国行政处罚法》[③]第三章“行政处罚的实施机关”第十八条规定，“行政机关依照法律、法规或者规章的规定，可以在其法定权限内委托符合本法第十九条规定条件的组织实施行政处罚”，而第十九条规定的受委托组织需要符合的一个条件是“依法成立的管理公共事务的事业组织”。可见，事业单位可以受行政单位的委托行使行政处罚权，这在法律上并不存在障碍。中央国家公园管理机构（行政机关）成立后，可以依法在其法定权限内委托全国各国家公园管理机构（事业单位）组织实施行政处罚。受托的国家公园管理机构在委托范围内，以委托行政机关的名义实施行政处罚。需要强调的是，根据《中华人民共和国行政处罚法》规

① 未来的中央国家公园管理机构最有可能成为部委管理的国家局，而不大可能成为国务院组成部门。至于划归哪个部委进行管理，主要是看未来的国务院机构改革将自然保护的事权交由哪个部委牵头负责。目前国务院并没有明确自然保护事权的牵头部门。

② 目前，实行国家公园试点区“省级垂直管理”的省份大多由省发改委或省政府办公厅代行国家公园的管理职能。待中央国家公园管理机构成立后，相关管理职能应移交给中央国家公园管理机构。

③ 根据2017年9月1日第十二届全国人民代表大会常务委员会第二十九次会议第二次修正。

定，限制人身自由的行政处罚只能由公安机关行使，这意味着各国家公园所在地的公安机关可以根据需要在国家公园设公安派出机构，维护国家公园内的治安秩序，行使行政拘留类行政处罚权。

综上，试点区国家公园管理机构宜划归事业单位而非行政单位，这种划分并不会影响到其自然保护职责的履行。

第二，国家公园是公益一类还是公益二类事业单位？公益一类事业单位宜实行统收统支体制，公益二类事业单位则宜实行自收自支体制。2011年，中共中央、国务院发布了《关于分类推进事业单位改革的指导意见》，明确将承担义务教育、基础性科研、公共文化、公共卫生及基层的基本医疗服务的事业单位划归公益一类，而将高等教育、非营利医疗机构划归公益二类。虽然并没有明确自然保护地管理机构如何划分（当然更不可能预见到国家公园管理机构的设立），但对划分的原则还是做了一定的界定，即“不能或不宜由市场配置资源的”划归公益一类，而“可部分由市场配置资源的”划归公益二类[①]。我们通过将国家公园管理机构与高等教育、非营利医疗机构等公益二类事业单位做一个简单的对比，即可清楚地看到国家公园的事业单位属性。高校、非营利医院在改革中被划归公益二类，目的是通过引入市场机制并赋予一定的自主权，促使其提供数量更多、质量更优的高等教育和医疗服务。高校之间、医院之间存在着服务质量上的竞争，竞争可促使好的机构能吸引到更多的资源、更好地提供服务，以改善公共部门的效率。作为竞争的必然结果，部分高等教育机构和非营利性医疗机制可能会被淘汰，而部分则保护扩张的态势。这种结果是公益二类事业单位的性质所决定的。而国家公园管理机构则完全不适用上述管理思路——每个国家公园都是自然保护体系的重要组成部分，不宜引入竞争机制，从而在国家公园间产生优胜劣汰的结果。同时，国家公园提供的全国性战略性自然资源保护基本公共服务具有非排他性和非竞争性特点，也决定了其难以运用市场机制进行资源配置[②]。从这个意义上讲，国家公园应划为公益一类事业单位而非公益二类事业单位。部门财务管理体制的设计更多应该考虑如何促进资金在各个国家公园之间保持总体上的均衡配置，使每个国家公园都能维持基本的财力以实现自然保护目标，避免因资金上的苦乐不均而导致保护力度不一，而“自我发展”和“竞争效率”等考虑则应退居其次。

---

① 见《中共中央国务院关于分类推进事业单位改革指导意见》（中发〔2011〕5号）第9点。

② 但这并不排除国家公园可以在某些具有排他性和竞争性的领域引入市场机制，以改善其管理效率。例如，国家公园不应排斥PPP投融资、不应排斥运用科斯定理的自然资源的产权交易等。

可见，国家公园应划归公益一类事业单位，由中央层面的国家公园管理局在全国范围内建立起统收统支的部门财务管理体制。

2.3.7　建立以环境质量为依据的税收分成机制

国家公园体制建设改革不仅涉及中央和省财政事权和支出责任的划分，也涉及中央和省财政收入关系的划分和调整。目前，中国中央和地方共享税种都是按既定的分成比例在中央和地方之间进行分成的。但这种分成机制存在固有的弊端：某地保护得越好，从增值税、消费税、所得税等税种中得到的分成收入越少，这使得自然保护地在某种意义上为地方政府所排斥。应在中央和地方收入划分上改变原来“一刀切”的分成比例，建立地方环境质量与税收分成比例挂钩的机制。同时，鼓励地方将由此增加的分成收入用于自然保护地周边的县（市）的公共事务，支持保护地周边县市的经济社会发展。

第 3 章　国家公园专项资金管理制度

3.1　国家公园门票管理制度

门票收入是国家公园重要的资金来源。国家公园门票管理既涉及门票的定价权限、定价程序、定价方案等定价管理的内容，也涉及门票的征收管理、票据管理、资金管理等收入管理的内容。国家公园门票的定价管理和收入管理，牵涉到多方利益关系，是国家公园体制建设所要面对的一个重要问题。

3.1.1　国内外国家公园门票管理

1. 国外国家公园门票管理[①]

美国国家公园门票管理。美国国家公园的收费制度始于 1916 年，目前，约有 190 个国家公园向游客收取门票，200 多个公园还收取一些设施和服务使用费（如导游解说、停车、住宿费等）。《联邦土地游憩改善法》授权国家公园管理局收取休闲费。该法规定，国家公园管理局和其他联邦机构依下列规定确定收费标准：给访客提供的便利和服务；综合考虑游憩费对访客和服务提供者的影响；参照其他地方、其他公共机构、附近的私人经营者收取的费用标准；考虑收取的游憩费用于支持的公共政策或管理目标。

国家公园管理局最大的收入来源是游憩费。该账户的资金主要来自于公园门票，基本上都是以车辆为单位收取的。门票收入的 80%由收费公园留作自用，用于设施维护和访客服务项目。其余 20%由管理局在全局范围内进行竞争性分配，主要分配给那些不收

① 该部分内容引用了国家发展与改革委员会联合美国保尔森基金会、中国河仁慈善基金会的研究成果《国家公园国际案例比较研究及对中国国家公园体制建设的建议》。

费的公园，支持其设施维护和访客服务项目。

另外，在游憩收费项目中，国家公园管理局还出售国家公园年票，有针对单个国家公园的年票，也有“美丽美国”通用年票，可在联邦公共土地上通用。较之多次购买一次性门票，这两种年票可为访客提供不少优惠。联邦法律还规定，62 岁及以上老年公民一次性支付 10 美元就可以购得国家公园老年票，终生有效。

新西兰国家公园门票管理。早在 1952 年，新西兰《国家公园法》就清楚地列明了国家公园两项密切相关的职责：首先是发挥保护作用，其次是满足人民的休闲娱乐和精神需求。伴随着国家公园的发展，新西兰国家公园发展成为集散步、垂钓、野营、游泳、滑雪、登山及各种游赏活动于一体的特殊区域。根据《国家公园法》和《保护法》的阐述，游客可免费进入国家公园。

在遵循基本的自然历史遗迹保护原则的前提下，大部分形式的活动和旅游行为都是被允许和鼓励的。但对保护资源会产生较大影响（如在某些特殊区域或人口密集区内的驾驶机动车和山地自行车）的行为是被限制甚至禁止的，与此相同受限的还有会对其他游客造成安全隐患的行为。

德国国家公园门票管理。德国是联邦制国家，16 个联邦州基本上每州有一个国家公园，联邦政府与州政府共同负责国家自然保护工作。州政府负责具体的自然保护工作，决定国家公园的建立、具体管理等事务，拥有国家公园的最高管理权。虽然国家公园由地方自治管理，但是各州之间、各州与联邦政府之间、政府机构与非政府机构之间，联系密切，建立了国家公园管理的统一规范和标准，共商国家公园的管理问题。在州政府层面，主要是为每一个国家公园立法，依法指定州一级的国家公园主管部门，由该主管部门依法组建国家公园直接管理机构，并负责国家公园规划审批。基于公益性考虑，国家公园均不收门票，采取收支两条线，保护管理费用由州政府承担。

德国每个国家公园都有一个展示自己及其特殊生态系统的游客中心。游客中心由国家公园管理局管理，进入游客中心不收费。若游客中心由非政府组织（公园合作伙伴）管理，游客参观时就需付费，票价为每人 8～10 欧元，家庭票为 15～20 欧元。这项收费主要是为了使公园合作伙伴能够维持游客中心的运转，州政府不提供经费补贴。

巴西国家公园门票管理。巴西是世界上物种多样性最丰富的国家，自然保护区与公园都实行一体化管理，经费来源主要是财政拨款和收取的公园门票、特许经营费和各种服务费。但为了保障游客的数量，收取的门票费很低。巴西还建立了一个线上的门票销售系统。

俄罗斯国家公园门票管理。俄罗斯国家公园由俄罗斯政府根据授权行政机关（联邦自然资源和环境部）的提议建立。在特别的情况下，如果国家环境评估提出积极意见，可以把自然公园改建为国家公园。国家公园实行游客管理，并以不损害国家公园的自然和文化价值的方式提供游客服务。国家公园管理局根据科学的休闲承载量标准，对游客在公园某些区域的休闲活动做出限制性规定。

根据《联邦自然保护地法》，非国家公园管理局员工、非联邦国家公园管理机构人员，只有经过国家公园管理局或联邦国家公园行政机构许可，才能访问国家公园（公园居民点内的场所除外）。

到国家公园（公园居民点内的场所除外）旅游和休闲需付费。国家公园管理局负责收费。收费的程序由国家公园所在地的联邦行政机关决定。联邦自然资源和环境部令（#174，8/4/2015）规定了游客进国家公园旅游和休闲收费的程序。国家公园管理局确定收费价格。各国家公园管理局要提供完整的收费项目表，收费项目应不与联邦法律相抵触，国家公园管理局有执行收费的权力。

南非国家公园门票管理。南非国家公园（SANParks）是负责行政和管理国家公园独有的国家法定机构，对南非所有的国家公园进行管理。SANParks 依赖旅游业收入来支持其保护使命，适当地以自然基础和文化旅游作为财源以支持当地生物多样性和文化遗址的维护。SANParks 提供各种各样的机会和产品，对特定人群实施补贴机制来确保公平。SANParks 拥有一个包括 200 个当地和 100 个国际旅行社的网络，这是游客进入国家公园被认可的渠道。另外，SANParks 拥有 9 个独立卫星式的预订办公室，分布在这个国家的核心都会区。

南非国家公园收入的第二大重要来源是收取的公园保育费用和门票。保育费用的征收主要针对进出公园的所有游客，根据游客在国家公园游览的天数来计算，通常也作为门票收入的一部分。第三大收入来源是国家公园通卡（WildCard）的发放。国家公园里的游客可以通过使用通卡享受一定的折扣优惠。事实证明通卡深受游客欢迎。

2. 中国国家公园试点区门票管理

到目前，中国已设立的 10 个试点国家公园都对门票管理有着自己的相关规定和做法。但从目前已颁布的条例试点区管理条例来看，对门票管理的规定相当粗略，大部分条例仅规定了门票的销售管理机构，对门票管理的法律依据多表述为“依据国家有关规定执行”。例如，《三江源国家公园条例（试行)》规定，“国家公园门票由国家公园管理机构负责管理，门票价格及收入使用依据国家有关规定执行”；《神农架国家公园保护条例》规定，“神农架国家公园门票由国家公园管理机构负责管理，实行政府定价，体现公益性。制定和调整门票价格，应当征求公众和利害关系人的意见并依法进行听证”；《武夷山国家公园条例（试行）》则根本未提及门票销售及管理。

上述已颁布实施的地方性法规之所以有意无意不涉及门票管理，主要原因在于门票管理和收入分配背后的利益关系复杂而敏感。在原有的自然保护地整合为国家公园之后，随着管理体制和机制的调整，既有的门票收入分配格局也将面临重新调整。各试点区需要一定的时间来构建新的门票管理和分配格局，并通过不断磨合逐渐稳定下来以后才适宜通过法规的形式固定下来。因此，试点初期的地方性法规从内容上大多涉及的是与保护有关的体制、机制和标准，而对门票收入分配等特殊而敏感的内容采取回避的做法也是可以预见的。

3. 国内外国家公园门票管理的基本做法和借鉴

（1）健全和完善相关立法，对门票进行规范化管理。无论是美国的《联邦土地游憩改善法》、德国每个州的国家公园立法、俄罗斯的《联邦自然保护地法》，还是中国《价格法》《政府非税收入管理办法》及《三江源国家公园条例（试行）》等，都从法律层面对国家公园的门票定价与管理进行了统一的规范。

（2）综合考虑国家公园的国家性和社会功能，门票定价多以低价为主，并制定了优惠政策和预约制度。国家公园无论是资源等级，还是蕴含其中的科学知识、审美价值、历史文化内涵和自然生态环境等都具有很高的品位和价值。但国家公园不同于一般的旅游景区，首先集中体现在国家性，其门票定价不能一味地遵循价值决定价格的市场定价原理，必须考虑国家公园的首要功能是自然生态系统的原真性、完整性保护，并在保护的前提下兼具科研、教育、游憩等综合功能，这与其他利用非公共资源建设、由经营者自主确定价格水平的景区完全不同。为切实满足每一位公众亲近自然的精神需求，门票价格应相对较低，并且充分考虑到居民收入水平的差异性和环境容量，通过制定合理的优惠政策和门票预约制度，保障国家公园共建、共有和共享的社会功能更大范围和更加可持续地实现。

（3）门票资金管理采取收支两条线，收取和用途管理规范。基于国家公园的公益性，门票收取一般由国家公园所在地政府或其委托的国家公园管理机构按照规定的程序来收取，并全部纳入地方财政预算管理；关于门票的支出，大多由地方财政拨款，只能用于国家公园的生态补偿、设施维护和游客服务等，不能用于公园员工的工资性开支。

3.1.2 国家公园门票的定价管理

1. 国家公园门票定价原则

公益性原则。2015 年 1 月，国家发改委等 13 个部委联合发布的《建立国家公园体制试点方案》对未来建立的国家公园目标表述得很清楚：通过国家公园体制试点，实现中国保护地体系的“保护为主”和“全民公益性优先”。根据中共中央办公厅、国务院办公厅于 2017 年 9 月 26 日发布的《建立国家公园体制总体方案》，国家公园应坚持全民公益性，坚持全民共享，为公众提供亲近自然、体验自然、了解自然以及作为国民福利的游憩机会。为此，国家公园在门票制度设计中，应以国民福利为原则，体现公益性、公平性和公共性，实行低费用门票以及相配套的优惠政策，让公众切实感受到实惠，保证每个国民平等参访的权利，并由此调动全民积极性，激发自然保护意识，增强民族自豪感。

在美国，很多规模很大的国家公园门票统一维持在 20 美元左右。美国黄石公园、大峡谷每车 7 天收费 25 美元，占普通家庭月收入的 0.58%（2014 年美国家庭月收入中位数 4250 美元）。在韩国，政府于 1975 年制定了《国立公园法》，并将韩国主要的山川景点指定为国立或道立公园，并收取门票。但从 2007 年开始，韩国所有的国立公园免费开放，景区因此减少的门票收入由政府财政补贴。在加拿大，国家公园作为一项社会公益事业，政府每年投入大量资金支持其发展。在经营过程中，实行的是收支两条线，支出方面主要用于国民福利形式的游憩服务，公园一般不收门票或按游人所乘车辆车型收取少量门票，对老年人、残疾人及中小学生还实行特别优惠。

政府主导原则。建立国家公园的首要目标是保护自然生物多样性及其所依赖的生态系统结构和生态过程，推动环境教育和游憩，提供包括当代和子孙后代的“全民福祉”。根据《价格法》，利用自然遗产、文化遗产以及重要的风景名胜区、自然保护区、森林公园、湿地公园、地质公园、重点文物保护单位、珍贵文物收藏单位（民间资本投资企业或个人收藏文物的展示单位除外）等公共资源建设的景区，其门票及景区内相关服务价格，实行政府定价或政府指导价管理。国家公园是对外开放的、利用公共资源建设的，满足科研、教育、游憩等需求的景区，其门票制定应严格遵守政府主导原则。在美国，国家公园门票的收费就是由政府主导的。国会 1996 年出台的《国家公园法》，确定了哪些地方不能收费、收费的地方应遵循什么样的原则，有的还确定了最高限额。现行定价指南就是根据1996年《国家公园法》制定的，该法规定国家公园门票最高不能超过20美元，年卡费用最高为50美元。

稳定性原则。针对以往旅游景区门票每三年必涨价的乱象，国家公园在制定或调整门票价格时，应体现出稳定性。在法律允许的范围内，门票定价要求坚持既有利于增加社会效益、环境效益，又兼顾补偿服务成本和资源价值的原则，保持价格在合理水平上的基本稳定，不得因为经济利益的驱使而随意涨价。确实因为成本上升而不得不涨价时，应当按照《价格法》《旅游法》及国家和省有关政策要求，实行价格听证，并要求听证会严格遵守各环节流程，引用权威第三方的成本审计报告，论证其必要性、可行性，保证价格决策透明度。同时，门票价格的调整幅度严格遵守相关规定，涨价后的门票价格应当提前6个月向社会公布。在美国，根据美国国会1996年的《国家公园法》规定，国家公园每年都可以向国家公园管理局申请对门票价格进行微调，但需要给出足够的理由，其中最主要的是物价上涨因素。但法律要求，如果调整票价，调整后的门票价格需在公布一年后才能实施。

2. 国家公园门票定价权限

各级政府价格主管部门是国家公园门票及国家公园内相关服务价格的主管机关，依法对国家公园门票及相关服务价格实施管理。

国家公园试点期间，由于实行省级垂直管理体制，国家公园的门票定价权应由省级政府价格主管部门主导行使。从未来发展情况看，一旦中央建立了国家公园管理机构对全国国家公园进行垂直管理，全国各国家公园的定价权宜收归中央，由中央国家公园管理局向国家发改委价格司提出申请，由后者依据相关法律法规规定的定价程序进行定价。

3. 国家公园门票定价程序和定价方案

（1）定价程序。根据《价格法》和相关法律法规，国家公园门票价格的确定应遵守严格的定价程序，在实行“省级垂直管理”期间，由国家公园管理机构向省物价局提出申请，省物价局依法履行价格成本监审，拟定门票定价方案，再进行公平性、合法性和廉洁性审查，根据流程举行听证会，最后由省物价局依据重大价格决策集体讨论通过的相关制度规定集体讨论通过，报省政府批准备案后，向社会公布（图3-1）。

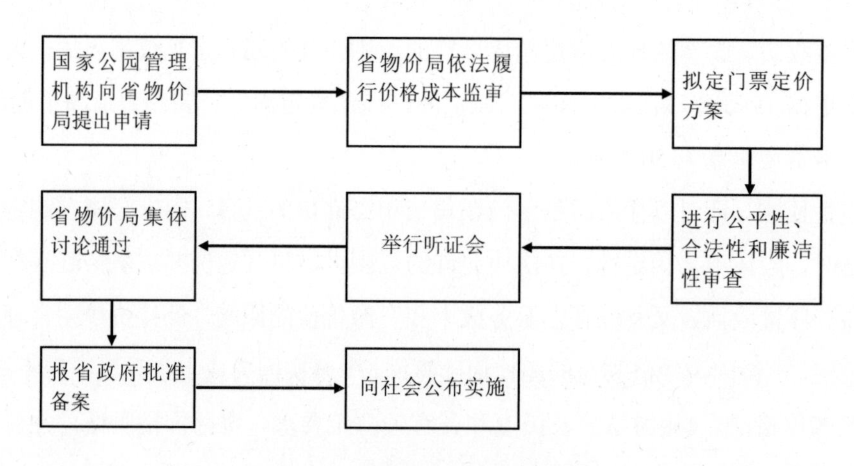

图 3-1　国家公园门票定价程序

（2）定价方案。在试点期间，考虑到以省级财政保障为主的资金保障机制尚处于不稳定期，国家公园的门票价格可以暂不做调整。试点结束后，对于自然资源禀赋条件和地理交通区位相对好的国家公园，在逐步建立和完善财政投入为主的多元化资金保障机制的前提下，应逐渐过渡到低门票制或免门票制。

中央国家公园管理机构设立后，全国国家公园的定价权由国家发改委价格司统一行使。国家公园门票可参照中华人民共和国国家标准《旅游景区质量等级的划分与评定》[①]划分的游憩资源级别实行分级定价，并在全国范围内对处于同一游憩禀赋级别的国家公园实行统一定价。实行统一的分级定价制度，一方面是考虑到未来国家公园统收统支的单位财务体制的需要；另一方面也有利于明确游憩者的预期。在统一的分级定价制度下，国家公园的游憩者无论计划游览哪个国家公园，对将会获得的服务质量和门票价格都有一个明确的预期，这将提升游憩者的获得感和幸福感。按国家公园的全民公益属性，国家公园门票定价应在综合考虑中央财政负担能力、城乡居民可支配收入水平的基础上，实行低门票或免门票制，并对部分特殊社会成员制定门票优惠政策（图 3-2）。

① 由中华人民共和国国家质量监督检验检疫总局 2004 年发布，属中华人民共和国国家标准（GB/T 17775—2003），该标准将旅游景区质量等级划分为五级，从高到低依次为 AAAAA、AAAA、AAA、AA、A 级旅游景区。

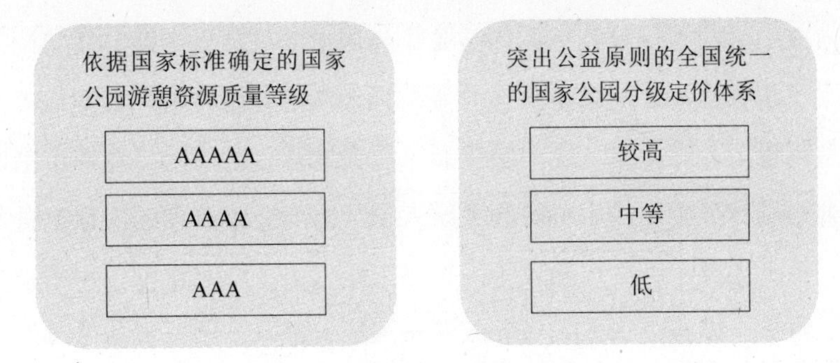

图 3-2　全国统一的国家公园门票分级定价体系

4. 国家公园门票优惠政策

从国家公园的公益属性出发，国家公园应针对不同人员、不同时间和不同活动类型，分别采取不同形式的优惠政策。国家公园自行开展的优惠或促销活动，需要向省物价局备案，并向社会公布。

（1）针对不同人员实行门票优惠。根据《旅游法》，国家公园应对 6 周岁（含 6 周岁）以下或身高 1.2 米以下的儿童、65 周岁以上老年人（凭身份证）和离休老干部（凭离休证）、残疾人（凭残疾证）、残疾军人（凭残疾军人证）、烈士家属（凭烈士证）和本地最低生活保障对象（凭民政部颁发的最低生活保障证和本人身份证）等群体免门票游览；对身高在 1.2～1.5 米的未成年人、60～65 周岁的老年人（凭身份证）、学生（凭学生证）、现役军人（凭军官证或士兵证）、离休军人（凭军人离休证）等群体减半收取门票价格。另外，除直接参与景区紧急抢险和救助的工作人员可以直接进入公园外，很多国家公园还针对国家规定的警卫对象及陪同人员、来公园考察和检查工作的各级领导干部及陪同人员都做出了直接入园的规定，鉴于这部分直接入园的规定在实践中存在争议，中央层面的国家公园管理机构成立后可视情况进行修改和完善。

（2）针对不同时间实行门票优惠。为调节游客流量，法定假日保持常规门票销售价，其他日期和时段可以根据峰谷人流量实行不同的错时性门票优惠；选择中国旅游日（5 月 19 日）、文化和自然遗产日（每年 6 月第二个星期六）等特定时间或者由国家公园管理局设定专门的“国家公园周”，开展门票半价或免门票等优惠举措；鼓励公园结合自身特色扩大门票价格优惠范围，建立对特定群体的免费开放日活动。

（3）针对不同活动类型实行门票优惠。制定规范的申请和审批制度。针对国内中小学和高等院校师生从事国家公园环保宣传和科普教育等志愿者活动，可以实行免门票优惠；针对国内中小学和高等院校组织的学生集体旅游（包括夏令营）凭学校证明信和本人学生证享受半价优惠；针对导游员（凭导游证）从事导游讲解、新闻记者（凭新闻记者证）从事新闻报道、摄影家（凭中国摄影家协会或省、自治区、直辖市摄影家协会会员证）进入公园进行摄影创作、科研和考察人员（凭与公园签订的协议）进入公园进行科研和考察、施工建设，以及设施设备维护等工作人员（经建设单位申请批复后）进入公园进行施工维护、旅游执法人员（凭旅游执法证）进入公园开展执法等活动，可以实行免票待遇。

3.1.3　国家公园门票收入管理

1. 国家公园门票销售和收取方式

（1）由两种渠道并存逐步过渡到网络渠道。试点期间，国家公园的门票销售可以采取现场售票和网络销售两种方式并行，网络销售包括国家公园管理局官方网站、官方微信或官方 APP 平台预售、旅游电子商务系统网上预售等。试点结束后，为有效避免游客旺季扎堆参观，国家公园应实行限流，建立健全门票信息化管理制度，逐渐过渡到以网络销售方式为主，取消现场售票窗口。现场仅设置综合服务窗口，帮助外籍游客和部分没有线上支付能力的游客代客下单。中央国家公园管理机构成立后，应考虑建立全国统一的国家公园门票网络销售体系，网络销售实现全网联通，方便游客随时查看各个国家公园剩余票数，确保购票、售票、分流信息准确及时。预售票采用实名制，提前 30 天开始，售完即止。

（2）游客凭票进入。游客进入公园必须凭票，以个人或团队的形式进入。网络购票无须排队换票，可直接刷身份证或二维码入园。针对免票群体，制定严格的免票申请规范和程序，入园时需要出示电子或纸质版的免票凭证，但经过公示的园中园票不在免费收取之列。园内的核心游览项目因故暂停向游客开放或者停止提供服务的，应当公示并相应减少收费。

（3）多次进出有效。考虑到国家公园生态维护的需求，提倡游客区内游，区外住。因此，门票可以延长至 5～7 日进出有效，以保障全民享用、有效享用的权利，同时游客停留时间的延长也可以为地方政府和居民提供更多的就业和收入机会。为给游客更多的选择，国家公园管理机构可在报请省物价局批准通过的前提下，适时推出月票、年票，持月票、年票的游客可以在规定的期限内多次进出有效。

2. 国家公园门票的征收管理

根据财政部《政府非税收入管理办法》（财税〔2016〕33号）的规定，国家公园门票收入属于国有资源（资产）有偿使用收入，属于政府非税收入的一种，是政府财政收入的重要组成部分，应当纳入财政预算管理。

明确国家公园管理局为国家公园门票收入的执收单位，依法履行下列收入管理职责：①公示门票征收依据和具体征收事项，包括征收对象、标准、方式等；②监督现场销售门票和网络销售门票的各单位，严格按照规定的门票收费标准进行征收，及时足额上缴门票收入至省级国库，国家公园管理局及其工作人员不得截留、占用、挪用、坐支或者拖欠。国家公园门票网络销售系统应接入公园财务管理信息系统，并通过代理银行直接将门票销售款项缴入省级国库单一账户；③记录、汇总、核对并按规定向省级财政部门报送门票收入征缴情况；④编报包括门票收入在内的年度非税收入预算；⑤对于减免门票收入或者调整门票收入的征收对象、范围、标准，应当由按照法定程序办理。

3. 国家公园门票的票据管理

国家公园门票属非税收入专用票据，是入园收费的法定凭证和会计核算的原始凭证，是财政、审计等部门进行监督检查的重要依据。国家公园管理局作为国家公园门票的执收单位，应当依法做好门票的票据管理工作。

①国家公园门票按照财务隶属关系，由国家公园管理机构向省级财政部门申领；②国家公园管理机构在销售门票时，应向购买者开具省财政部门统一监（印）制的具有非税收入专用票据性质的门票；③国家公园管理机构不得转让、出借、买卖、擅自销毁、涂改门票；不得将门票与其他票据互相替代；④门票使用完毕，国家公园管理机构应当按顺序清理票据存根、装订成册、妥善保管，保存期限一般为5年。

4. 国家公园门票的资金管理

试点期间，实行省级垂直管理的国家公园，门票收入应缴入省级国库，纳入省级一般公共预算进行管理。中央国家公园管理机构设立后，全国各国家公园的门票收入应缴入中央国库。国家公园门票收入应通过国库单一账户体系收缴、存储、退付、清算和核算。

为照顾地方政府利益，调动其参与国家公园建设的积极性，国家公园门票收入可在政府间实行分成。试点期间，由于国家公园的财政事权归省级政府行使，中央可不参与国家公园门票的分成，由省级人民政府或者其财政部门规定国家公园门票收入在省、市、县各级政府间的分成比例。为保证试点的稳步推进，市县在实行分成初期的分成比例不宜过低。中央国家公园管理机构成立后，国家公园财政事权上收中央政府直接行使，国家公园门票收入应在中央和地方之间进行分成，分成比例由国务院或者财政部规定。上下级政府分成的国家公园门票收入，由财政部门按照分级划解、及时清算的原则办理。

分成后留在省级财政或中央财政国库单一账户上的门票收入，可根据需要由省级财政全部或部分批复给国家公园管理机构作为事业收入加以使用。国家公园管理机构在编制该项事业收入预算时，应将用途限制在游客管理、景区管理、环境教育等方面，原则上不得用于人员支出。

5. 国家公园门票的监督管理和法律责任

①省级财政、物价部门应当根据职责分工建立健全包括国家公园门票收入的监督管理制度，加强对国家公园门票政策执行情况的监督检查，依法处理门票收入违法违规行为；②国家公园管理机构应当建立健全内部控制制度，接受财政部门和审计机关的监督检查，如实提供门票收入情况和相关资料；③省级财政、物价部门和国家公园管理机构应当通过政府网站和公共媒体等渠道，向社会公开门票设立依据、征收方式和标准等，并加大预决算公开力度，提高门票收入透明度，接受公众监督；④对违反门票管理制度的行为，依照《中华人民共和国预算法》《中华人民共和国价格法》《财政违法行为处罚处分条例》《违反行政事业性收费和罚没收入收支两条线管理规定行政处分暂行规定》等国家有关规定追究法律责任；涉嫌犯罪的，依法移送司法机关处理。

3.2 国家公园特许经营收入管理制度

国家公园特许经营是指在国家公园范围内在不破坏生态和资源环境的前提下，为提高公众游憩体验质量，由国家公园管理机构经过竞争程序优选受许人，依法授权其在管控下开展规定范围和数量的非资源抽取性经营活动，并向国家公园管理机构缴纳特许经营费的过程。

按国家发改委等11部委联合发布的《建立国家公园体制试点方案》的要求，"试点区管理机构要积极探索管理权与经营权分立，经营项目实施特许经营，进行分开招标竞价"，在特许经营收入的管理上 "实行收支两条线管理，门票收入、特许经营收入要上缴省级财政，各项支出由省级财政统筹安排"。同时，在《国家公园体制试点区试点实施方案大纲》中明确提出，严格禁止"整体转让"和"上市"等与国家公园性质相违背的试点内容。上述规定，对国家公园特许经营的项目范围、组织方式、资金管理都提出了明确要求，决定了国家公园特许经营制度的基本框架。

3.2.1 国家公园特许经营项目范围

国家公园范围内的经营项目大致可分为营利性和非营利性两大类。营利性项目按照是否消耗自然资源又可分为非资源抽取型项目和资源抽取型项目：前者包括索道、住宿、餐饮、旅游纪念品和商品、游览车等经营项目，是通过使用者付费的方式弥补投资和运营成本并实现盈利的；后者包括矿产开采、林木采伐、水利开发、狩猎捕捞等经营项目，是通过资源产品的销售弥补经营成本并实现盈利的。非营利性项目包括旅游设施设备投资、游客管理、景区管理、环境卫生、污水处理、应急救援、环境教育、科学研究、自然文化遗产保护、生态保护等，这些项目由于具有正的外部性或公共物品性质，应当纳入国家公园预算，由政府财政直接提供。

根据国家公园特许经营的定义，国家公园特许经营项目应限于国家公园范围内的非资源抽取型营利性项目，主要集中在旅游产品和服务的提供上。资源抽取型营利项目与国家公园资源保护目标相悖，属禁止或限制开发项目，更不宜通过特许经营权的受让或PPP的方式引入私人资本实施开发。国家公园非营利项目是实现国家公园公益目标的主要手段，虽然不适宜特许经营，但不排除可以通过政府购买服务和其他的PPP项目方式组织生产，项目资金主要来源于政府付费或可行性缺口补助。表3-1列出了国家公园的经营项目和特许经营项目范围。

表 3-1　国家公园经营项目和特许经营项目范围

<table>
<tr><th colspan="2">项目性质</th><th>产品或服务内容</th><th>产品或服务性质</th><th>是否适合特许经营</th><th>是否适合政府购买服务或PPP</th></tr>
<tr><td rowspan="9">营利性项目</td><td rowspan="5">资源抽取型</td><td>矿产开采</td><td rowspan="5">私人物品</td><td rowspan="5">否</td><td rowspan="5">否</td></tr>
<tr><td>林木采伐</td></tr>
<tr><td>水利开发、风力和太阳能开发</td></tr>
<tr><td>狩猎捕捞和养殖</td></tr>
<tr><td>动植物标本</td></tr>
<tr><td rowspan="4">非资源抽取型</td><td>景区交通：索道、游览车</td><td rowspan="4">私人物品</td><td rowspan="4">是</td><td rowspan="4">是</td></tr>
<tr><td>景区住宿和餐饮</td></tr>
<tr><td>景区商品：旅游纪念品和商品</td></tr>
<tr><td>休闲和游憩：滑雪、滑草、蹦极等</td></tr>
<tr><td colspan="2" rowspan="4">非营利项目</td><td>游客管理：游客中心建设和运行、旅游标识、游客疏导、应急救援</td><td>公共物品</td><td>否</td><td>是</td></tr>
<tr><td>景区管理：旅游设施设备建设和管理、景区环境卫生、景区水电供给</td><td>公共物品</td><td>否</td><td>是</td></tr>
<tr><td>资源保护</td><td>外部性</td><td>否</td><td>是</td></tr>
<tr><td>科学研究和环境教育</td><td>外部性</td><td>否</td><td>是</td></tr>
</table>

3.2.2　国家公园特许经营的组织方式

1. 国家公园特许经营制度的建立

试点期间，为加强对特许经营的管理，应以国家公园管理的地方性法规[①]为依据制定《××国家公园特许经营制度》，作为国家公园管理机构的内部规范性文件对试点国家公园的特许经营管理活动进行规范。特许经营制度的主要内容包括：竞争选择特许经营商、实行合同管理、招投标管理和资产管理、特许经营费的分成和特许经营费的使用方向、规定对特许经营商投资的退出补偿条款、加强特许经营监管等。

中央国家公园管理机构成立后，应推动《中华人民共和国国家公园法》的立法工作。以此为前提，在总结全国各试点国家公园特许经营管理经验的基础上，可以考虑以国家公园法为依据制定全国统一的《国家公园特许经营制度》，作为中央国家公园管理机构的部门规章对全国各个国家公园的特许经营活动进行统一规范。

① 由国家公园所在省人民代表大会常务委员会通过，通常以《××国家公园管理条例》命名。

2. 国家公园特许经营商的选择

国家公园特许经营项目应采用公开招标竞价的方式，依法授权境内外的法人或者其他组织，通过协议明确权利义务和风险分担，约定其在一定期限和范围内开展餐饮、住宿、购物、景区内交通等特许经营服务。选择特许经营商应遵循下列原则：

①通过公开招标、竞争性谈判等竞争方式选择特许经营者。为了获得最好的服务供应商，国家公园管理机构在授予特许权合同的过程中鼓励供应商之间的竞争。但在同等条件下，从促进当地居民就业和社区发展的角度考虑，应优先选择当地企业或组织；②分类设立特许经营项目，禁止整体转让。为鼓励竞争，禁止将国家公园的特许经营权整体“打包”授予某家特许经营商；③不同类型的特许经营项目应设置不同的准入标准，加强对特许经营商的准入控制。

3. 国家公园特许经营合同管理

特许经营合同内容。特许经营合同内容应包括：特许经营内容、区域、范围及有效期限；产品和服务标准；价格和收费的确定方法、标准以及调整程序；设施的权属与处置；设施维护和更新改造；安全管理；履约担保；特许经营权的终止和变更；违约责任；争议解决方式；双方认为应该约定的其他事项。

合同的期限和条件。国家公园特许经营合同期限应当根据特许经营项目类别、项目生命周期、投资回收期等综合因素确定，特许权合同的期限通常在 10 年或 10 年以下。对涉及投资规模大、回报周期长的基础设施建设或固定资产投资的特许经营项目，为鼓励投资并保证服务质量，可以由国家公园与特许经营者根据项目实际情况，约定超过前款规定的特许经营期，但最长不超过 20 年。

4. 国家公园特许经营资产管理

现有特许经营资产管理。目前已拥有完善的住宿、餐饮、内部交通、索道等特许经营资产的，特许经营合同应约定这部分特许经营资产所有权归属国家公园管理机构，使用权归属特许经营商。每个特许权合同必须明确合同双方在设施维护、环境管理等方面的责任。特许经营商作为设施的管理者要与国家公园特许经营项目负责人密切合作，确保这些设施设备纳入国家公园资产管理信息系统。特许经营合同必须包含一份明确的设施设备维护计划，要求特许经营商依照国家公园管理机构可接受的标准，履行好特许经营资产的维护和修复义务。该计划应作为特许经营商履行特许经营合同的一个不可分割的内容，纳入特许经营商的绩效考评。

未来投建的特许经营资产管理。特许经营商对经营资产的新建或改扩建必须征得国家公园管理机构的同意且满足必须必要合理、生态影响最低等条件。为保持国家公园整体形象的一致性和可识别性，所有拟投建的特许经营资产和现有固定资产外观和结构必须征得国家公园管理机构的同意。为获得可靠的资金保障，在特许经营资产维护、投建上，国家公园管理机构可采用公私合作（PPP）模式，吸收私人部门参与投资，组成SPV公司并取得特许经营权。

新建或改扩建现有特许经营资产可能会损害签约特许经营商的利益，国家公园管理机构可以在特许经营协议中就防止不必要的同类竞争性项目建设、必要合理的财政补贴、有关配套公共服务和基础设施的提供等内容做出承诺。

5. 国家公园特许经营退出补偿

为保障特许经营商投资权益，鼓励其对特许经营资产更新改造的积极性，应建立国家公园特许经营设施的“租赁退保权益机制”。特许经营商如果根据合约对其使用的设施进行投资改扩建或者是建设新设施（根据合约，国家公园管理机构享有这些设施的财产权，但使用权属于特许经营商），合约期满时一旦未能续约，经营商须交出设施的使用权。此时，国家公园应根据合约，通过租赁退保权益机制赔偿其损失。特许经营商可以获得的补偿资金等于投资减去折旧费。新经营商须向老经营商支付后者在其经营期间积累的“权益”，国家公园管理局也可用特许经营费收入买入退保权益，以增加合同竞标过程的竞争性。

3.2.3 国家公园特许经营收入的资金管理

国家公园特许经营收入属政府非税收入，应按《政府非税收入管理办法》（财税〔2016〕33号）的规定对其设立、征收、资金和监督管理活动进行规范。试点期间，实行省级垂直管理的国家公园，特许经营收入应按管理权限确定的收入归属缴入省级国库，纳入省级一般公共预算进行管理。中央国家公园管理机构设立后，全国各国家公园的特许经营收入应缴入中央国库。国家公园特许经营收入应通过国库单一账户体系收缴、存储、退付、清算和核算。

国家公园特许经营资产在试点前多属地方国有企业资产[①]，特许经营收入也有相当部分转化为地方财政收入。国家公园试点后，由于实行省级垂直管理，这些营利性经营资产也应按管理层级的调整划归省级所有，特许经营收入也应纳入省级预算进行管理。特许经营收入和门票收入归属的调整，是国家公园试点对市县财政利益触动最大的地方，需要通过在省级和市县政府间的分成来照顾地方的既得利益，调动其参与国家公园建设的积极性。试点期间，由于国家公园的财政事权归省级政府行使，中央财政不应参与分成，由省级人民政府或者其财政部门规定国家公园特许经营收入在省、市、县各级政府间的分成比例。为保证试点的稳步推进，市县在实行分成初期的分成比例不宜过低。中央国家公园管理机构成立后，国家公园财政事权上收中央政府直接行使，国家公园特许经营收入应在中央和地方之间进行分成，分成比例由国务院或者财政部规定。

分成后留在省级财政或中央财政国库单一账户上的国家公园特许经营收入，可以“纳入预算管理的非税拨款”的名义全部或部分批复给国家公园管理机构作为财政拨款收入加以使用。国家公园管理机构在编制该项非税拨款收入预算时，应将用途限制在对特许经营项目资产的维护、改扩建、租赁退保补偿、履约保证金的返还上，原则上不得用于人员开支。表3-2列出了国家公园特许经营收入和支出项目明细。

表3-2　国家公园特许经营收支项目

收　入	支　出
1. 特许经营出让（使用）费	1. 现有旅游设施设备的日常维护
2. 履约保证金	2. 新建旅游设施设备
3. 其他收入	3. 现有旅游设施设备的改建、扩建
	4. 租赁退保补偿
	5. 履约保证金返还

其中，特许经营权出让费（使用费）是特许经营商在使用特许经营权过程中，按一定的标准或比例向国家公园管理机构定期交纳的费用，可按季、半年、一年不同时间段计缴。

履约保证金是为确保特许经营商履行特许经营合同，国家公园管理机构要求特许经营商交纳的一定数额的保证金，合同到期后无违约责任，保证金退还特许经营商。

其他费用是国家公园管理机构根据特许经营合同或与特许经营商协商一致，为特许

① 委托代管体制下，原风景名胜区经营性资产多整体打包给地方国有企业“××旅游投资开发公司”，由后者实行整体特许经营。

经营商提供相关服务（治安、保洁、宣传促销等），并向后者收取的相关费用。对微利或者享受财政补贴的特许经营项目可以在特许经营合同中约定减免或优惠政策。

3.2.4　国家公园特许经营的监管

设置多元化的国家公园特许经营监管主体。在纵向上，由省级国家公园管理机构和××国家公园管理局分权，形成两个层级的监管主体。省级国家公园管理机构依据地方性法规行使对国家公园的监管权力，××国家公园管理局通过特许经营合同，负责对园区内特许经营活动进行监管；在横向上，由××国家公园管理局委托具有相应资质的第三方机构负责对特许经营商筛选、特许经营项目立项，以及履约过程的具体监管。构建公共监管渠道，成立由当地居民、专家、学者组成的特许经营公众监督委员会，代表公众对国家公园特许经营活动进行监督。图 3-3 构建了国家公园特许经营监管体系的总体框架。

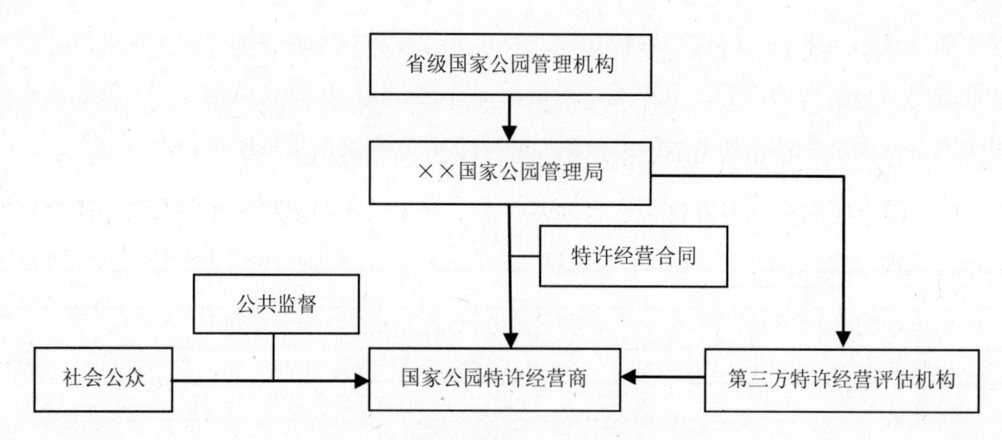

图 3-3　国家公园特许经营监管体系

建立特许经营项目定期评估制度。国家公园管理局应当委托第三方机构，对特许经营项目进行定期评估。按照特许经营相关法律法规、行业标准、产品或服务技术规范以及其他有关监管要求进行监督管理，以确保国家公园特许经营产品和服务质量达到环保、健康、安全运营的标准。

提供特许经营活动社会公众监督渠道。成立国家公园特许经营咨询委员会，委员会具有监督和质询权，可以通过听证会、座谈会、问卷调查等方式收集公众意见，对国家公园特许经营中关系公共利益的事项，有权提出意见和建议。

3.3　国家公园社会捐赠管理制度

社会捐赠是指自然人、法人和其他组织基于慈善目的，自愿、无偿赠予财产的活动。国家公园社会捐赠是国家公园收入的重要补充，是国家公园试点的重要内容。国家公园社会捐赠必须依法依规进行管理，并通过体制机制创新调动全社会投入自然资源保护的积极性，实现国家公园和捐赠方的合作共赢。

3.3.1　国内外国家公园社会捐赠管理经验及其借鉴

1. 美国国家公园社会捐赠管理经验

截至 2015 年，美国共有 409 个国家公园管理单元，由美国国家公园管理局依照《国家公园管理局组织法》进行管理，确保这些国家公园能“完好地保护其风景、自然和历史遗产，以便世代享用”。美国国家公园社会捐赠管理经验如下述。

（1）国家层面设立专业化国家公园基金会。国家层面的捐赠和慈善活动由国家公园基金会管理。该基金会于 1970 年由美国国会特许设立，是国家公园管理局的私募机构。依据法规，内政部长任该基金会的董事会主席，国家公园管理局局长任财务主管。出任这两个职位的人可进行私募（否则，其政府官员身份不允许他们进行私募）。董事会的其他成员则是来自美国私有部门各行各业的代表，协助基金会募集资金。该基金会的战略规划规定：基金会只能为国家公园管理局批准的项目募集私人捐赠。

近年来，在国家以及地方国家公园管理局非营利合作组织的共同努力下，该项目每年可筹集到约 2.3 亿美元的资金。为迎接 2016 年的国家公园管理局建局百年纪念，该基金会加大了募款努力，打算为百年庆典和相关的公园项目募集高达 2.5 亿美元的资金，约占全年财政拨款总额的 8.77%。

（2）公园层面寻求非营利合作协会支持。在国家公园层面，每个国家公园都有一个非营利“合作协会”支持方。合作协会由国家公园管理局特许设立，负责开发、管理、经营通常位于园内访客中心的书店。合作协会把公园书店的销售利润捐给国家公园管理局，或者由公园自留，用于解说和教育项目。大多数访客量大的大型公园都建立了一个合作协会，专门服务于该公园或者分布较集中的几个公园。然而，管理局也有几个大型合作协会，同时服务多家国家公园。在过去大约 30 年间，有些合作协会拓宽了业务范围，开始慈善募款，支持国家公园项目。例如，（美国）金门国家公园协会成立于 1981 年，最初经营金门国家休闲区的 7 家书店。后来协会迅速发展，于 2003 年更名为金门国家公园保护协会。该协会自成立后，共为金门国家休闲区筹集了 3 亿多美元的项目款。

（3）公园外部与非营利友好团体建立伙伴关系。国家公园管理局另有 200 个左右非营利友好团体，多与特定的国家公园结为伙伴关系。他们使用的名称不尽相同，包括朋友、基金、保护协会、基金会等。多数合作伙伴为公园项目募集私人资金，提供志愿服务，宣传公园，为公众特别是周边社区提供享受公园的机会。

为弥补可用资金缺口，国家公园管理局越来越多地利用青年保护团体（如学生保护协会）和志愿者补充机构人员力量，以完成必要的资源管理和访客服务工作。法律和管理局的年度预算限定了管理局可以聘用的全职和兼职员工的数量，员工人数因资金变动而处于波动状态。公园管理局通常通过学生保护协会和其他青年保护团体来平抑时有发生的雇员人数波动。从 1957 年开始，管理局通过两个主要项目一直与学生保护协会保持着积极的合作关系。一是由 16～19 岁的青年组成 8～10 人的团队，在 1～2 名学生保护协会成年教师的指导下，在公园全职工作 3 个月，参与公园资源管理或者维护项目。二是由学生保护协会招收在校生或者刚毕业的学生，参与公园的教育、解说或者资源管理和研究活动，为期 3 个月至 1 年不等。例如，2015 年，学生保护协会的 1600 名会员共为 224 个国家公园提供了 50 万小时的服务。

2. 巴西亚马逊自然保护地社会捐赠管理经验

20 世纪 90 年代后期，捐助者和巴西政府认为努力构建保护地来保护亚马逊的生态完整性是至关重要的。为此，全球环境基金、世界自然基金会美国办公室、巴西三方设计了一套项目资金机制，为建立和巩固亚马逊保护地体系提供所需资金，这就是亚马逊自然保护地项目（ARPA）。巴西亚马逊自然保护地项目社会捐赠管理经验如下述。

（1）以项目为核心开展社会捐赠管理。设立明确的项目目标。亚马逊自然保护地项目确立的四大目标为：亚马逊地区建立严格保护类和可持续利用类保护地；巩固严格保护类保护地的保护；维持巴西保护地体系中可持续利用类保护地的保护；为严格保护类和可持续利用类保护地（生物保护区、生态站、国家/州立公园、传统利用保护区和可持续发展保护区）建立长期的和可持续的资金保障机制。

建立清晰的项目组织架构。该项目的组织架构为：项目委员会，负责项目指导和最终决策，环境部执行秘书任主席；科学顾问委员会，就新建保护地、保护监测和保护管理有效性向项目委员会提出建议；项目协调单位，由环境部的生物多样性和森林干事负责；技术论坛，项目协调机构的牵头组织，成员来自保护地管理机构和巴西生物多样性基金会；保护地管理机构，共包括 56 处联邦级保护地和 38 处州级保护地；巴西生物多样性基金会是赠款接受方，负责项目财务的管理和项目执行，提供物资和服务。

设立明晰的项目规划和预算分配。项目规划和预算分配以两年为一周期，同时考虑项目以往管理表现、保护地分类及项目考核基准。根据保护工作、受威胁级别以及运营挑战三因素，将项目涉及的保护地分为 I 级和 II 级，每级又再划为 1～5 五个亚级。保护地分级和保护地保护类别（严格保护类和可持续利用类）是项目支出分配模式的主要参考指标，其中 II 级 1 亚级的保护地得到的项目资金较多。

迄今，亚马逊自然保护地项目已实施了两期。第一期（2003—2009 年），超额完成了原定的“新建 1800 万公顷保护地和巩固 700 万公顷已有保护地”的项目目标。第二期（2010—2015 年），完成了近 95%的原定目标，包括新建 1350 万公顷的保护地和另外巩固 3200 万公顷已有保护地。此外，在项目二期时，原计划筹资 7000 万美元，最后实际募得 6000 万美元用于设立“保护地基金”。目前，亚马逊 12.42%的生物区系已经因该项目得以保护。2014 年，第三期项目启动，重点实施“亚马逊自然保护地——生命之光”项目，即为未来 25 年保护 6000 万公顷的 5 类保护地进行融资。2015 年 8 月，巴西总统颁布了修订后的“亚马逊自然保护地项目令”，更新治理程序，预测新建保护地的资金安排，展望了亚马逊自然保护地项目模式扩展至其他类型保护地的前景。

（2）全方位宣传吸引各方资金。为了更好地吸引各方资金，亚马逊自然保护地项目借助了联邦政府的宣传力量，紧密结合联邦政府所确定的亚马逊地区发展的主要政策和战略方向。例如，亚马逊可持续发展计划（PAS）推动全国和地区的社会团体参与可持续利用技术实践、环境管理、土地利用规划、社会包容和公民权以及基础设施建设等相关事务的决策过程，从而提升项目的认知度和影响力。其次，亚马逊自然保护地项目还参与到《全国保护地规划》的制定中，确保生态系统的代表性，鼓励社会各界开展相应的生物多样性保护行动等。同时，亚马逊自然保护地项目与《气候变化国家行动计划》合作，对气候变化和缓解气候变化进行了研究。2003—2007 年，巴西通过该项目在亚马逊地区新建了 13 处保护地。预计到 2050 年，不仅可减少 4.3 亿吨的二氧化碳排放，还有助于减少这一地区的毁林现象。

（3）注重吸引国际基金机构的支持。巴西生物多样性基金会负责亚马逊自然保护地项目的资金管理，其资金来自全球环境基金、德国联邦政府［通过德国复兴信贷银行（KfW）提供资金］、世界自然基金会、亚马逊基金［通过巴西国家发展银行（BNDES）提供资金］等多国各机构。在全球环境基金承诺资金到位后，德国政府和世界银行（世界自然资金会后来加入）与巴西生物多样性基金会（FUNBIO，原为一家与热图利奥·瓦加斯基金会有联系的非政府组织）合作，共同协助巴西政府实施亚马逊自然保护地项目。捐赠者、政府和第三方这种三方合作形式，能够在政府投入有限的情况下保证资金的稳定。

在巴西，公司的参与完全是自愿的，私营企业参与项目的投资回报可能包括：作为亚马逊自然保护地项目的合作伙伴出现在广告宣传中，加入巴西私人捐助委员会等。美国私人机构，如摩尔基金、MAC 和林登信托的赠款也通过世界自然基金会美国办公室捐赠。

3. 我国三江源保护区社会捐赠管理经验

我国三江源保护区地处青藏高原的青海省，是以长江、黄河、澜沧江三条大江大河源头生态系统为主要保护对象的自然保护区。因其地理区位独特，保护对象复杂多样，根据主体功能，国家将其定为以高原湿地生态系统为主体功能的自然保护区网络。三江源保护区社会捐赠管理经验如下述。

（1）依托以政府为主导的基金会，展开社会捐赠管理。三江源保护区的社会捐赠管理主要由三江源生态保护基金会承担。三江源生态保护基金会是由省政府主导，省国有资产管理有限公司独家发起的公益性公募基金会，宗旨是多方筹措资金，用于资助与三江源生态保护相关的各类公益活动及项目。建立三江源生态保护长效机制的四年间，三江源生态保护基金会一直积极参与三江源生态保护和青海生态文明建设工作。在政府部门的支持和参与下，三江源生态保护基金会具有更强的合法性和公信力，更容易整合多方企业和个人的公益资源。

自 2012 年 10 月至 2016 年年底，三江源生态保护基金会共收到公益捐赠 1051 万元，其中货币资金 820 万元，实物折合 231 万元。所募集款项主要资助三江源资源与生态保护项目，开展与三江源资源和生态保护相关的管理培训、宣传教育、学术交流等活动；支持和资助促进三江源生态保护事业发展的科学研究、科技开发和示范项目；资助有发展前景的资源、环保工程，开展和资助促进三江源生态保护及有关环境保护事业发展的国际交流与合作；奖励对三江源生态保护事业有突出贡献的组织和个人等公益活动。

（2）透明公开基金会管理，不断提升社会信誉。按照《基金会管理条例》和三江源生态保护基金会章程规定，基金会一直遵循合法、自愿、诚信、非营利的原则开展工作，制定了完善的内部管理制度，及时公布捐赠情况、项目实施、资金管理使用情况等各类信息。严格按照法律法规和捐赠人意愿使用捐赠款项，为全社会搭建了公开、规范、透明的支持三江源生态保护和建设公益平台。

近四年来，基金会共收到公益捐赠1051万元，支出1039万元。其中，公益性项目活动支出979万元，各项管理费用60万元。基金会主动接受业务主管单位和登记管理机关的指导和管理，社会信誉、透明指数不断提升。在参加的中国基金会中心网“中基透明指数（FTI）”综合评价中，2014年三江源生态保护基金会 “中基透明指数”为100分，在全国3051家基金会中与96家基金会并列第一，全省排名第一，是省内唯一满分指数的公益组织，进入了“中国最透明口袋”名单。2015年“中基透明指数”继续保持100分，青海省排名第一①。

（3）联合政府部门展开多样化公益活动，融筹资和环境教育于一体。三江源生态保护基金会广聚社会爱心，借助政府的影响力和号召力，积极参与三江源生态保护和青海省生态文明建设工作，展开了丰富多彩、形式各异的公益活动，将筹资活动与环境教育融为一体。

基金会参加了2013中国青海绿色发展投资贸易洽谈会和第二届、第三届中国公益慈善项目交流展示会，组织策划《携手同心 情注江源——三江流域媒体记者果洛行》活动。出版内部刊物《三江源生态》（中、英文版）杂志九期共计印刷三万本，将会同清华大学、青海大学三江源研究院联合出版《三江源绿皮书》系列丛书。多次参与长江、黄河、澜沧江“土著鱼类增殖放流”，与有关部门开展“澜沧江源水生生物资源”调查。组织大学生志愿者、环保志愿者开展“心系三江源志愿服务”和“环湖赛赛道沿线捡拾垃圾”活动，向三江源地区捐赠新型环保垃圾焚烧炉5台，捐赠资金购买垃圾运输车、环保袋支持地方民间环保工作。

尤其2016年以来，三江源生态保护基金会把工作重心投入到三江源国家公园建设上来。由基金会发起，联合省教育厅等部门在全省100所学校开展了“生态文明教育进课堂”活动，联合省相关部门开展“老少共携手，保护三江源”“保护青海湖，青年志

① 数据来源：新闻稿“三江源生态保护基金会：助力我省生态文明建设”，载《西海都市报》2016年9月5日。

愿者治沙行动”“2016 年青海博士论坛——高原水环境保护与治理研讨会”等活动。向海南藏族自治州捐建太阳能光伏电站一座，帮助解决贫困地区用电问题。并多次深入三江源地区实地调研，筛选了一批以生态环保宣传、解决白色污染等人与自然和谐共生为主要内容的“三江源生态环保示范村建设”公益项目，提高了基金会的社会影响力，得到了社会的广泛认可。

4. 国内外国家公园社会捐赠管理的基本做法和借鉴

虽然各国家公园的发展阶段、法律规范、组织特征各不相同，但总体而言，国家公园的社会捐赠管理具有以下共性。

建立健全社会捐赠的法律法规体系，确保国家公园社会捐赠管理有法可依、有章可循。不论是美国的《国家公园管理局组织法》，还是我国三江源保护区的《基金会管理条例》，都从法律层面对国家公园的社会捐赠管理进行了统一的规范。国家公园必须建立健全有关社会捐赠的法律法规体系，为社会捐赠提供法律保障，明确捐赠各方主体的权利和义务，制定严格规范的捐赠程序，遵循合法、自愿、诚信、非营利的原则开展捐赠活动，并加强捐赠资金的用途管理，不违背社会公德，不危害国家安全，不损害社会公共利益和他人合法权益。

建立健全的组织体系，不断拓宽募集公益资金的渠道。美国国家公园不仅有国家层面的基金会，而且每个国家公园都有一个非营利“合作协会”以及其他 200 个左右非营利友好团体，会以售卖图书、号召捐赠等方式，共同为国家公园募集资金而努力；巴西生物多样性基金会负责亚马逊自然保护地项目的资金管理，不仅借助联邦政府的宣传力量吸引各方资金，还注重吸引国际基金机构支持；我国三江源保护区的社会捐赠管理主要由三江源生态保护基金会承担，基金会根据章程规范管理和使用社会捐赠款项，并联合政府部门展开多样化公益活动。因此，建立健全组织体系并制定章程和规范的内部管理制度，是国家公园社会捐赠管理的组织保障。另外，还需要以项目为依托并借助政府的宣传，寻求其他致力于国家公园保护的个人、非政府组织或公益机构的支持，为国家公园拓展多样化的募捐方式，帮助公园开展各种保护和教育项目。

3.3.2 中国国家公园社会捐赠收入及管理现状

社会捐赠对国家公园和捐赠方来说是互利共赢的合作。一方面，社会捐赠为国家公园建设提供了多元化、多渠道的资金供给；另一方面，捐赠国家公园可以彰显捐赠方的绿色发展理念和社会责任，提升品牌价值和影响力。基于这种理念，国外国家公园的社会捐赠额一直呈现出不断增长的态势。在一些社会捐赠发展比较充分的国家，捐赠金额通常接近或超过国家公园收入总额的 10%。

在中国，现有的经济社会发展水平决定了社会捐赠还处于一个刚刚起步的阶段。同时，绿色发展理念的缺失使自然保护领域的社会捐赠相对于其他领域的社会捐赠更是少之又少。不管是原来的自然保护区还是现在试点中的国家公园，普遍存在着社会捐赠数额少、捐赠管理制度不健全、捐赠资金使用不透明不规范、募捐方式单一、没有引入慈善信托管理等诸多问题。

以该国家级风景名胜区为例来说明。我国一家著名的风景区作为世界文化与自然双重遗产和中国十大风景名胜之一，2011—2016 年间社会捐赠额最高仅 34 万元，最低为零，不及该风景区全年总收入的 1‰。不仅数量少，捐赠渠道也非常单一，只有 LED 制作费、资生堂赞助费和其他赞助费三项。从社会捐赠的管理看，该风景区没有专门机构进行社会捐赠的规划与管理，对外没有与专业的基金会或慈善团体合作，更没有建立捐赠管理制度和体系，捐款的使用也无公开信息可查，一切捐赠活动都是随缘自发，捐赠管理不透明不规范，造成社会捐赠数额极不稳定，也难以对社会捐赠进行系统规划和利用。表 3-3 对 2011—2016 年该风景区总收入和社会捐赠数额进行了统计。

表 3-3　××风景区总收入与社会捐赠数额统计　　单位：万元

	2011 年	2012 年	2013 年	2014 年	2015 年	2016 年
总收入	37070.71	39498.28	33537.82	41109.83	42821.09	40314.30
社会捐赠收入	34.00	28.00	4.00	30.00	0.00	13.00
其中：LED 协作费	24.00	8.00	4.00	0.00	0.00	13.00
资生堂赞助费	10.00	10.00	0.00	20.00	0.00	0.00
其他赞助费	0.00	10.00	0.00	10.00	0.00	0.00

数据来源：××风景区管委会统计报表。

3.3.3　中国国家公园社会捐赠制度和管理改革

第一，依法设立基金会，负责国家公园社会捐赠的管理。根据《慈善法》和《政府非税收入管理办法》（财税〔2016〕33 号）的相关规定，试点期间国家公园管理机构应向省级民政部门申请登记设立专业的基金会，制定基金会章程，并向社会公开基金会章程和决策、执行、监督机构成员信息；建立健全基金会内部治理结构，明确决策、执行、监督等机构的职责权限；明确基金会的定位，采用国家公园引导、基金会自主运营的组织方式，聘请专业化的人员进行管理；依托政府和国家公园的影响力建立公开募集与定向募集相结合的筹集机制，对基金会的日常运作和资金使用进行严格监管，定期公开基金会的各项工作。以发展的眼光看，未来还可能出现针对多个或者全国所有国家公园的基金会，需要依据《基金会管理条例》向国务院民政部门申请登记并接受其管理。

第二，依法开展社会捐赠活动，确保捐赠有序和规范。基金会依法登记成立后，由省级民政部门直接发给公开募捐资格证书，本着合法、自愿、诚信、非营利的原则，开展定向募集资金和公开募集资金的活动。

基金会开展公开募集资金的活动时，应当制定募捐方案，并报省级民政部门备案，应当向捐赠人（或组织）开具由省级财政部门统一监（印）制的捐赠票据，并详细载明捐赠人（或组织）、捐赠财产的种类及数量、基金会经办人姓名、票据日期等，若是匿名或者放弃接受捐赠票据的，应当做好相关记录。若捐赠人（或组织）要求签订书面捐赠协议的，基金会应当与捐赠人（或组织）签订书面捐赠协议，并严格按照协议约定的用途规范使用捐赠资金，并及时主动向捐赠人（或组织）反馈有关情况。

基金会应当按照法律规范有序开展募捐活动，尊重和维护募捐对象的合法权益，不得通过虚构事实等方式欺骗、诱导募捐对象实施捐赠，不得从事、资助危害国家安全和社会公共利益的活动，不得接受附加违反法律法规和违背社会公德条件的捐赠。

第三，建立项目化筹资模式，做好项目管理。设计清晰的公益项目目标和逻辑，明确公益项目的价值和实现路径；细化具体的项目资金预算，目标尽可能具体明确，有助于潜在捐赠人的了解和投入；根据公益项目特征确定特定的募款目标人群，针对不同的筹款目标人群，制定个性化、多元化的项目介绍、推广文案、传播方式以及交流内容；将项目的执行流程（资金使用和公益效果）清晰地展示给公众，提高基金会运作的透明度，有助于吸引捐赠方对于组织专业化的认可，进而持续关注和支持。

第四，加强与非营利友好团体合作，建立外部伙伴关系。非营利友好团体包括朋友、基金会、保护协会等，这些组织都拥有独特的资源和影响力。国家公园应找准自身在动植物物种、自然和文化遗产等方面的特色和优势，有针对性地搭建起与不同非营利友好团体之间的联系。基于共同的生态保护的目的，国家公园和这些非营利友好团体应采用平等对话的形式，实现资源共享、优势互补，共同开展公益募捐、志愿服务、宣传国家公园等方面的合作，寻求社会利益的最大化。

第五，争取国际环境和自然基金支持，拓展捐赠来源。面对日趋严重的环境污染及生态失衡等问题，国际上很多自然基金和环保基金都本着环保和生态的愿景和使命，关注中国的环境发展问题，以实际行动推动中国生态环境有序发展。中国的国家公园不仅应立足国内筹集社会捐赠，更应该放眼国际，争取国际环境和自然基金支持，拓展捐赠来源。为此，国家公园管理机构应关注国际环境和自然基金的相关信息，了解各国际基金的支持政策和项目投资偏好，选择符合与国家公园特色相吻合的国际基金进行重点研究，进而积极寻求机会构建与这些国际环境与自然基金的友好关系。

第六，加强社会捐赠资金管理，确保捐赠财产的合法有效使用。凡通过国家公园基金会组织募捐和接受捐赠取得的收入，由基金会依据《基金会管理条例》和基金会章程实施管理，不按政府非税收入办法纳入一般公共预算进行管理。

国家公园基金会的财产及其他合法收入只能用于国家公园的资源保护、游憩管理、科学研究和环境教育等领域，不得在发起人、捐赠人、理事、监事和工作人员中分配。任何组织和个人不得私分、挪用、截留、侵占基金会财产。

国家公园基金会与捐赠人订立了捐赠协议的，应当按照协议约定使用捐赠财产。如需改变用途，应当征得捐赠人同意且仍需用于国家公园的建设和管理。基金会接受货物、房屋等有形财产捐赠的，应当在实际收到后验收确认并开具捐赠票据。接受捐赠的物资无法用于国家公园建设和管理用途时，基金会可以依法拍卖或者变卖，所得收入应当仍然用于国家公园建设。

国家公园基金会开展国家公园保护管理活动的年度支出比例和管理费用比例按照民政部、财政部、国家税务总局联合印发的《关于慈善组织开展慈善活动年度支出和管理费用的规定》（民发〔2016〕189号）标准执行。有公开募捐资格的国家公园基金会开展保护管理活动的年度支出不得低于上年总收入的70%，年度管理费用不得超过当年总支出的10%。

国家公园基金会可以按照合法、安全、有效的原则开展基金的保值、增值活动。在这个过程中，需要确立投资风险控制机制，以保证投资安全。

国家公园基金会应当执行国家统一的会计制度，依法进行会计核算，建立健全内部会计监督制度，并通过财务信息公开接受国家公园管理机构、民政、发改委等部门的监督管理。

参考文献

[1] 国家发展改革委社会司. 国家公园国际案例比较研究及对中国国家公园体制建设的建议[R]. 2017-04.

[2] 国家林业局. 全国森林防火规划(2016—2025 年)[EB/OL]. 2016-12-29. http://www. gov.cn/xinwen/2016-12/29/content_5154054.htm[2018-1-20].

[3] 中华人民共和国国家质量监督检验检疫总局. 旅游景区质量等级的划分与评定：GB/T 17775—2003[S/OL]. 2004-10-28. http：//www.yueyang.gov.cn/yyx/37587/38083/38091/38454/ content_1186842.html[2018-1-23].

[4] 贾雪琦. 三江源生态保护基金会：助力我省生态文明建设[N/OL]. 西海都市报，2016-09-05. http：//www.qhnews.com/newscenter/system/2016/09/05/012118582.shtml[2017-11-2].

[5] 邓毅，毛焱，等. 中国国家公园体制试点：一个总体框架[J]. 风景园林，2015（11）：84-88.

[6] 吴承照. 中国国家公园模式探索——2016 首届生态文明与国家公园体制建设学术研讨会论文集[C]. 北京：中国建筑工业出版社，2017.

[7] 楼继伟. 中国政府间财政关系再思考[M]. 北京：中国财政经济出版社，2013.

[8] 苏杨. 国家公园体制建设须关注四个问题[EB/OL]. 2017-12-11. http：//www.drc.gov.cn/ xsyzcfx/20171211/4-4-2895048.htm[2018-1-2].

声　明